熱帶魚飼養・水草培育・水族

第一次養熱帶魚與水草

A Q U A R I U M

監修 水谷尚義
攝影 森岡篤
譯者 彭春美

contents

Chapter

第1章

Chapter

[第 2 章] 世界的熱帶魚和水草圖鑑 262種 33

Chapter

第6章

裝飾空間的室內水族箱

水族箱，是一個考慮到熱帶魚和水草、沉木和石頭等裝飾品的協調性，而打造出來的美麗水箱。布置水族箱的首要樂趣是觀賞，將它當作室內工藝品裝飾在屋內，打造生活空間，更能增添它的魅力。在這裡，將為你介紹水族箱作為室內裝飾品，深具魅力的展現方式。

只要掌握重點，就可以放在任何你想擺設的地方

水族箱該擺在哪裡，每個人都會覺得傷腦筋。其實，具有觀賞樂趣的水族箱，只要避開重心不穩或是陽光直射的地方，最好的就是放在自己想要觀賞的位置或是顯眼的場所。

畢竟，費盡心血打造好的水族箱，總會希望能美美地裝飾空間。所以，與其考量這裡不行，那裡也不行，不如把想要放置的地方環境整理好，並擺放好水族箱，愉快地享受你的水族生活吧！

放在展現個性的窗邊

窗邊是充分展現住戶趣味和個性的空間，你可以試著將水族箱擺設在這裡，但必須避開直射的陽光。如果和植物一起裝飾，水族箱的「動」和植物的「靜」就可以相互襯托，相得益彰。

水族箱尺寸 W490×D180×H300（mm）

Case 2

放置在家人團聚的中心

家人度過悠閒時光的客廳，是作為觀賞水族箱擺設的絕佳場所。就像插花一樣，有紅色或黃色的豔麗魚兒優游著、有鬱鬱蔥蔥的水草，都能使屋內的氣氛變得愉快。而且，怎麼看都看不膩的熱帶魚，也可以增添家人間的話題。

W350×D250×H250（mm）

Case 3

擺在玄關處帶給人活力和療癒

玄關處有個水族箱，可以讓人從熱帶魚上獲得各種力量──出門前看到會帶給人活力，回家時凝視則讓人感到舒心。而且，玄關處有個引以為傲的水族箱，也可以很自然地展現給來訪的客人看。

W313×D263×H310（mm）

作為房間的照明

從水族箱散發出來的光，出乎意外的明亮，如果作為房間的照明使用，將為你呈現有別於日光燈或間接照明所沒有的氛圍。

想要改變單調的房間，擺放一個水族箱應該是不錯的選擇。

近年來，不論是水族箱還是器具用品，設計得美觀、新穎的商品越來越多，不妨試著找出自己喜歡的吧！

W360×D300×H310（mm）

Case 5 在家事的空檔重振精神

想要放置小型水族箱，只要有足夠承受其重量的櫃子或書桌、餐桌，就沒有問題。例如：放在廚房在做家事的空檔觀賞一下，可以轉換心情，讓工作推展得更順利。只是，小型水族箱很容易受外部空氣的影響，必須注意水溫上升的問題。
W300×D300×H300（mm）

配合想要放置的場所選擇水族箱的尺寸

剛開始時，因為在換水和維護上都要花費時間和精力，所以將水族箱擺在方便用水的玄關，或是作業空間寬廣的客廳等地方會比較好。

此外，60cm以上的大型水族箱，重量基本上超過60kg，必須使用專用的櫃子，因此僅限於擺在可以放置專用櫃的場所。

如果只要考慮水族箱的尺寸，那就可以放置在自己喜歡的場所了。例如：45cm的水族箱，可以放在房間或寢室，並放置於牢固的書桌或書架上，就能盡享觀賞之樂。

廚房或盥洗室等狹窄空間，可以放置40cm以下的小型水族箱。至於其他器具，也有不會露出水族箱外的類型，可以配合放置場所尋找適合的商品。

放置場所的確認重點

- 牢固平坦的地方
- 陽光直射不到的地方
- 震動較少的地方
- 靠近水龍頭和排水的地方

Case 6

在臥室或書房，沉靜地飼養著喜愛的熱帶魚

因為是獨處的空間，在水族箱中只放入一條喜愛的熱帶魚，沉靜地飼養著，這樣做的人出乎意料的多。水族箱也可以搭配房間的氣氛，讓人自由地享受箇中樂趣。傷腦筋的時候、煩惱的時候，凝視著優游的魚兒，說不定就會浮現出靈感喔！
W510×D258×H380（mm）

Chapter

[第 1 章]

令人嚮往的水族箱造景

親自打造出水族箱這個小小世界的喜悅。
在本章中，希望你能盡情地享受專業的技巧和品味。

PART 1 90cm

動力超自然派

充分活用大型水族箱特點的超震撼造景。以具有高度的大百葉、有份量的鐵皇冠等存在感十足的水草來表現規模的大小。群泳於其中的黑燈管之美更是壓軸。

身體如彩虹般閃耀的托氏變色麗魚，會吃附著在水草上的、不必要的貝類，是去除貝類的重要武器。

美麗的珍珠馬甲，珍珠花紋遍布全身。體長稍大，不過體質強健，就算是新手（初級者）也很容易飼養。

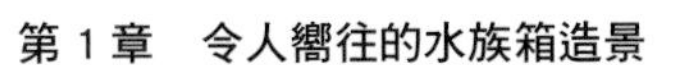

◆水族箱資料

水箱尺寸（mm）	900×450×600
水溫（度）	26
pH	6.5
底砂	Project Soil Excel礫石S號
照明	150W×2燈（金屬鹵素燈）
過濾器	EHEIM2213 EHEIM2217
CO_2	3滴 / 秒
肥料	液肥
魚	珍珠馬甲
	黑燈管
	大和沼蝦
	小精靈
	托氏變色麗魚

◆使用器材（岩石、沉木、水草等）

裝飾品	岩石 沉木
水草	A　大百葉
	B　綠宮廷
	C　鐵皇冠
	D　黑木蕨
	E　大血心蘭
	F　虎斑睡蓮
	G　香香草
	H　血心蘭
	I　簀藻
	J　鱗葉苔

造景配置（俯視圖）

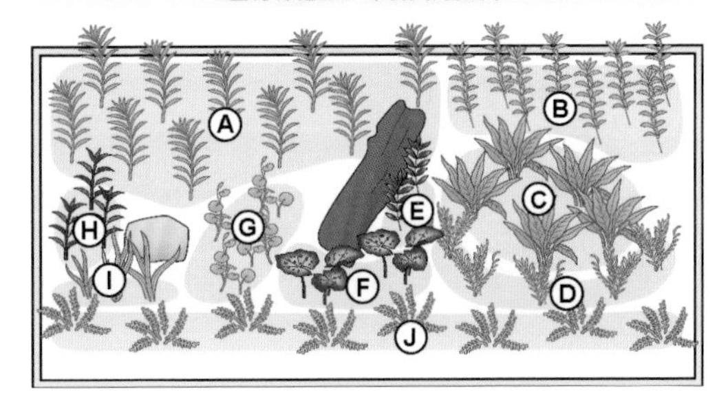

鐵皇冠是容易培育的水草代表，即使沒有強烈的光照和CO_2，還是能輕易栽培。

黑燈管性格溫和，適合混合飼養，群泳時能百分之百發揮牠的美麗。

虎斑睡蓮因為它特有的顏色和形狀，經常被用來作為造景的重點。

PART
2
90cm

古都侘寂派

以京都的寺廟為概念，布置成由石頭組合為基調的造景。大量使用萬天石，搭配不會過高的水草和藍色背幕，帶給人明亮的感覺。前景則鋪滿矮珍珠，創造出空間，讓人可以玩賞生意盎然的景觀。

矮珍珠是前景水草的最佳選擇，將它鋪滿大型水族箱的前方，就能創造出美麗的前景。

小圓葉類的水草會朝向陽光筆直生長，所以適合裝飾背景，不過光線若是太弱，株體便會扭曲。

◆水族箱資料

水箱尺寸（mm）	900×450×450
水溫（度）	26
pH	6.8～6.9
底砂	Aqua Soil、Africana
照明	金屬鹵素燈150W、螢光燈20W ×2燈
過濾器	ADA Super Jet Filter ES-1200
CO_2	無
肥料	無
魚	紅蓮燈

◆使用器材（岩石、沉木、水草等）

裝飾品	ADA　萬天石
水草	A　矮珍珠
	B　綠宮廷
	C　綠色印度小圓葉
	D　青蝴蝶
	E　小紅莓
	F　大珍珠草
	G　紫豔柳
	H　簀藻
	I　青紅葉
	J　綠松尾

造景配置（俯視圖）

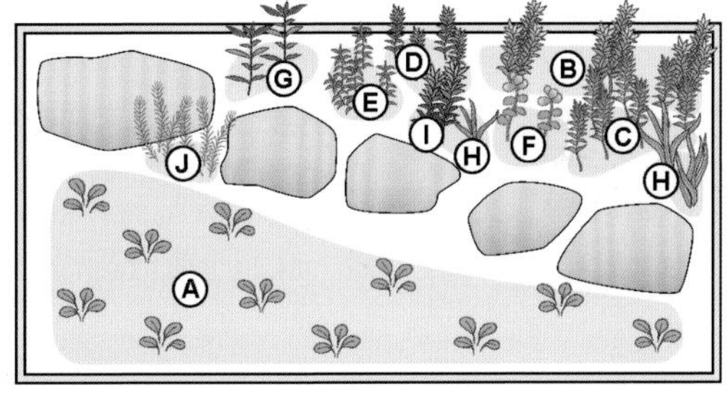

葉子有如嫩松葉的綠松尾，是讓整體呈現和風印象的造景大重點。

紅蓮燈之類的小型熱帶魚，最大的魅力就在於群泳。150隻群泳的情景令人嘆為觀止。

PART 3 60cm

野生氣息派

彷彿火山山腳的野生造景。擔任主角的熔岩石固定在後面當作背景，它會產生一種跳出般的動人力量。泰國水劍和鐵皇冠等具透明感的綠，緩和了熔岩石的堅硬感，彼此間取得協調。

金屬魚體上帶著彩虹色光輝的剛果霓虹，活力充沛地到處游動著，不過要小心，牠可能會跳出水族箱外。

白鼠魚美麗的白色身體和有趣的游泳姿態互相襯托，成為水族箱內的絕佳焦點。

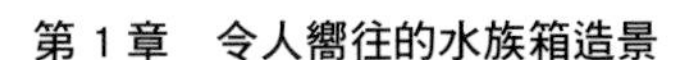

◆水族箱資料

水箱尺寸（mm）	600×300×450
水溫（度）	26
pH	7.0
底砂	熔岩砂礫
照明	36W×2燈 （AXY NEW TWIN 600）
過濾器	EHEIM2234 （外部式）
CO_2	無
肥料	無
魚	剛果霓虹
	白鼠
	大和沼蝦
	小精靈

◆使用器材（岩石、沉木、水草等）

裝飾品	熔岩石 沉木
水草	A　泰國水劍
	B　鐵皇冠
	C　小榕
	D　簣藻
	E　鱗葉苔
	F　會產生氣泡的莫絲

造景配置（俯視圖）

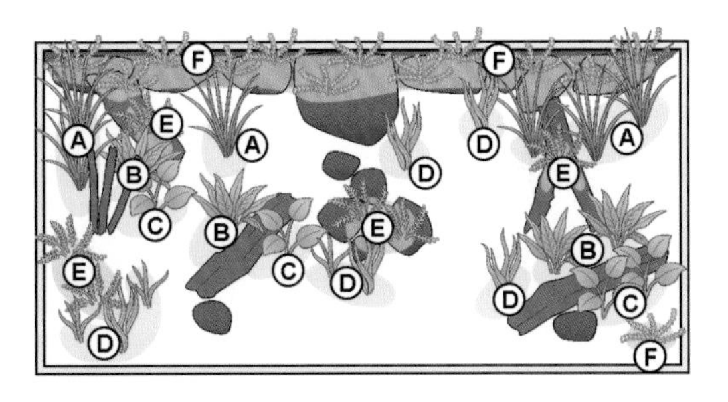

健康的小榕有各種不同的品種，把它纏在沉木或石頭上附生，就可以長得很好。

簣藻很適合作為前景水草。有間隔地大範圍種植，可以營造自然的氣氛。

鱗葉苔只需纏捲在沉木上附生即可。本造景中使用它來隱藏沉木、熔岩石與地面的相接處。

PART 4 60cm

晴朗的午後公園派

籠罩著溫煦光線的靜謐公園風。左右對稱地種植上各種顏色的水草，和整個水族箱的明亮感融為一體。為了讓魚兒能夠從容優游而打造的中央空間是重點所在。

群泳的金三角燈是美麗的。淡橘色的身體與藍色背景交相輝映，增添水族箱內的華麗感。

小圓葉只需添加促進生長的肥料和進行修剪，就很容易茂盛起來。

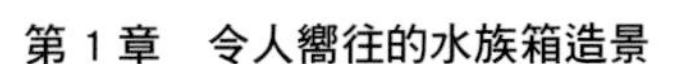

◆水族箱資料

水箱尺寸（mm）	600×300×360
水溫（度）	25
pH	6.5～6.8
底砂	SHRIMP一番SAND
照明	55W×2燈（AXY POWER TWIN 600）
過濾器	EHEIM2213
CO_2	2滴／秒
肥料	RED SEA低床肥料
魚	金三角燈
	黃金麗麗
	小精靈
	大和沼蝦
	黑線飛狐

◆使用器材（岩石、沉木、水草等）

裝飾品	岩石
水草	A　大莎草
	B　小柳
	C　小圓葉
	D　紅蝴蝶
	E　迷你天胡荽
	F　矮珍珠

集中種植的迷你天胡荽，打造出整個水族箱的柔和感。

造景配置（俯視圖）

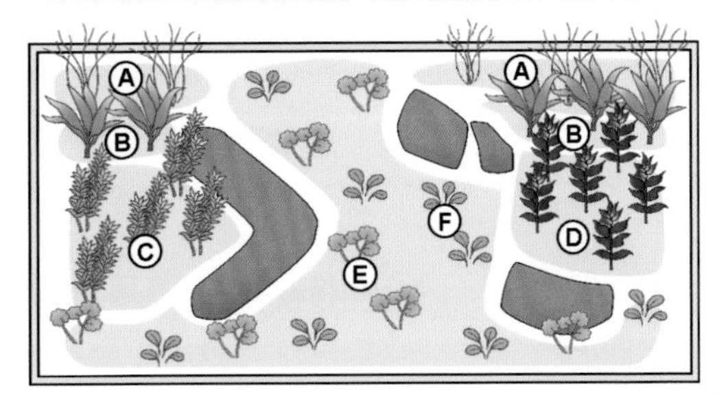

黃金麗麗最大的特色就是牠美麗的色彩。可以和小型種的魚一起混養。

紅蝴蝶鮮豔的紅色格外引人注目。施加含鐵的肥料和強烈的光線，紅色會變得更加濃烈。

PART 5 60cm

空間美學派

造景上使用大塊的熔岩石，並充分利用鹿角苔的特性。鹿角苔不斷冒出的氣泡，正訴說著它良好的狀態。布置看似簡單，卻讓人感受到水族箱的活力，是可以一覽魚兒群泳樂趣的造景。

在整體上顯得收斂的造景中，可以將紅蓮燈的魅力發揮到最大。

越南細葉簣藻的特色在於它細長的葉子，是本造景中的重點之一。

◆水族箱資料

水箱尺寸（mm）	600×300×360
水溫（度）	26.6
pH	6.4
底砂	CONTRO SOIL
照明	20W×4
過濾器	EHEIM2222
CO_2	無
肥料	無
魚	紅蓮燈
	金三角燈
	紅衣夢幻旗

◆使用器材（岩石、沉木、水草等）

裝飾品	熔岩石
水草	A　鹿角苔
	B　紅蝴蝶
	C　牛毛氈
	D　越南細葉簣藻

造景配置（俯視圖）

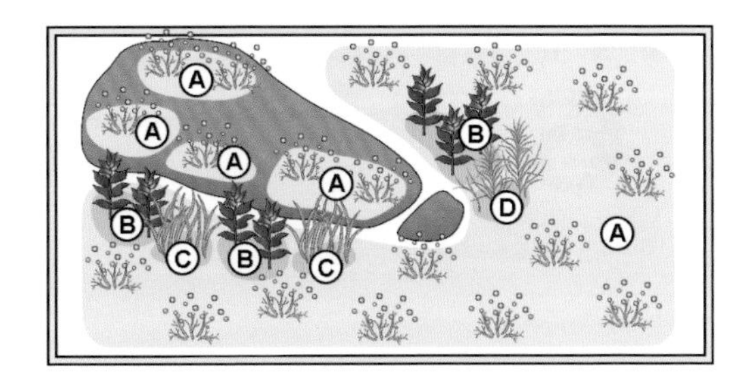

鹿角苔本來是浮在水面上生長的，想要讓如此多的量附生在岩石和底床上，必須花功夫整理。

加入紅蝴蝶的紅色，讓偏單調的造景添加了華麗感。

放入和紅蝴蝶同色系的紅衣夢幻旗，非常適合和紅蓮燈一起混養。

PART 6 60cm

自然河底派

鮮明的美國水蕨和亮色河川石的組合，明顯襯托出孔雀魚。從左後方往右前方傾斜的擺設，拉出深度和立體感。河川石可有效攔住容易崩塌的砂子。

馬賽克孔雀魚正如它的名字，擁有美麗的馬賽克花紋。在亮綠色中，更加凸顯出牠的美麗。

露茜椒草的水上葉是比較淡的綠色，水中葉則呈現深綠色。它十分容易栽種，可以長到很大。

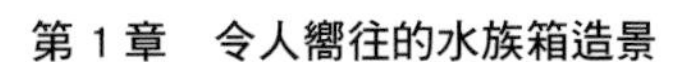

◆水族箱資料

水箱尺寸（mm）	600×300×360
水溫（度）	26
pH	6.5～7.0
底砂	孔雀魚安心砂
照明	20W×2燈
過濾器	底部式+上部式過濾器
CO_2	無
肥料	無
魚	馬賽克孔雀魚

◆使用器材（岩石、沉木、水草等）

裝飾品	河川石
水草	A　美國水蕨
	B　皇冠草
	C　咖啡椒草
	D　露茜椒草
	E　紅溫蒂椒草
	F　針葉皇冠
	G　亞馬遜中柳
	H　南美莫絲

叢生型水草的代表種——皇冠草，除了長得非常茁壯，也為水族箱帶來份量感。

造景配置（俯視圖）

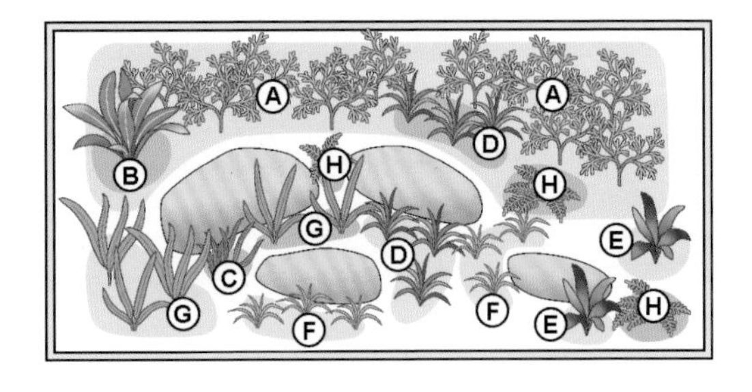

整個背景都種植美國水蕨，讓人有種明亮的印象。

葉子細而短的針葉皇冠，一旦著根就很容易栽培，之後便能享受觀賞的樂趣了。

PART 7 45cm

朦朧寧靜派

一個前方用砂打造出空間的造景，是以魚兒遊戲的容易度作為第一考量。每當看到魚兒安心嬉戲的朦朧身影，總會讓人想要一直凝望下去。在亮綠色系的水草中，加入紅色的紅柳和沉木等，能讓明亮中呈現出深度。

熊貓鼠魚眼周的花紋非常可愛。這種魚稍微神經質，最好一次飼養數隻，讓牠們習慣。

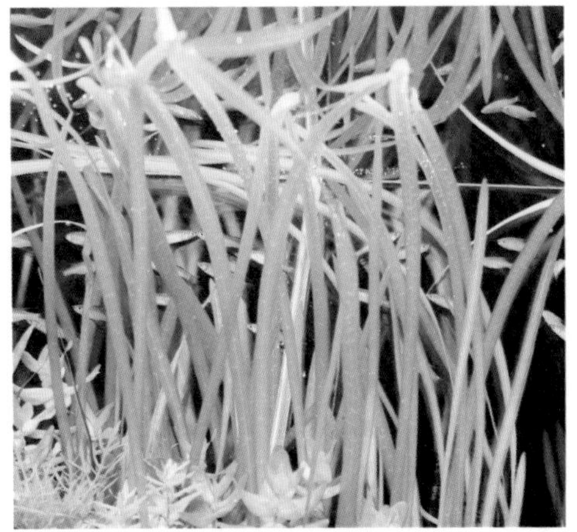

小水蘭的葉子呈帶狀伸展，因為能夠表現高度，適合拿來作為後景。

漂亮且有紅色與綠色對比的青蝴蝶，必須經常修剪。

◆水族箱資料

水箱尺寸（mm）	450×450×450
水溫（度）	26
pH	6.8
底砂	BOTTOM SAND・SHRIMP一番SAND
照明	AXY NEW TWIN 450×2燈（27W×4）
過濾器	EHEIM2213
CO_2	有添加
肥料	固態肥料
魚	熊貓鼠
	金翅珍珠鼠
	奧柏根鼠
	燕子美人

◆使用器材（岩石、沉木、水草等）

裝飾品	沉木樹枝
水草	A　小水蘭
	B　紅柳
	C　水羅蘭
	D　虎耳
	E　青蝴蝶
	F　宮廷草
	G　綠溫蒂椒草
	H　迷你三裂天胡荽
	I　矮珍珠
	J　南美莫絲

造景配置（俯視圖）

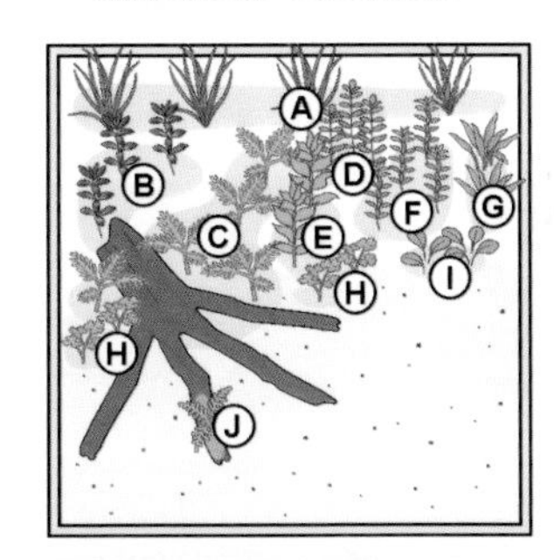

全身布滿斑點的金翅珍珠鼠是有橘色胸鰭的美麗品種。性格溫和，適合混合飼養。

PART 8 45cm

熱帶魚主流派

雖然是簡單的造景布置，卻充分考慮到如何在小型水族箱中取得空間。沒有使用太多的水草，但是對稱的布置營造出份量感。放入整群優游的小魚，更具樂趣。

熱帶魚的代表魚種——神仙魚，搖曳著上下伸展的魚鰭優游的姿態，非常有趣。

紅蓮燈在熱帶魚中最受歡迎。如果想要享受觀賞大面積鮮豔的紅藍線條的樂趣，最好飼養一整群。

◆水族箱資料

水箱尺寸（mm）	450×300×360
水溫（度）	28
pH	6.8
底砂	大磯砂
照明	15W×2燈
過濾器	觸控式過濾器
CO_2	無
肥料	無
魚	紅蓮燈
	神仙魚

◆使用器材（岩石、沉木、水草等）

裝飾品	沉木
水草	A　鹿角苔
	B　中柳

造景配置（俯視圖）

用綠色地毯來形容鹿角苔，再貼切不過了。如果是45cm以下的小型水族箱，最好全部鋪滿。也可以試著自己栽培來增加種植量喔！

作為主要水草，中柳擁有又大又健康的葉子，正如其名，顯現出其存在感。

PART
9
41cm

叢林探險派

把在水族箱中央組合的沉木看做一棵大樹，綠溫蒂椒草則用來表現原野。均衡地讓樹枝、水草的方向呈多方面相對，進而強調了水族箱的寬度。大樹沉穩佇立著，在它的守護下優游的魚兒，極具吸引力。那景象彷彿就是原始森林的世界。

紅尾金旗體質強健又不挑食，很適合新手。越是細心照料、飼養，大紅色的尾鰭顏色就會越好。

看起來有如藤蔓的迷你三裂天胡荽，纏捲在沉木上可以表現出動態美感。

大和沼蝦會吃青苔，在設置水族箱的初期階段放入，可以抑制青苔的發生

◆水族箱資料

水箱尺寸（mm）	410×250×380
水溫（度）	26
pH	6.5～6.8
底砂	黑光砂
照明	13W（Tetra Lift Up Light LL-3045）
過濾器	Tetra Auto Power Filter AX-60（外部式）
CO_2	無
肥料	無
魚	紅尾金旗（金旗燈）
	庫勒潘鰍
	大和沼蝦

◆使用器材（岩石、沉木、水草等）

裝飾品	沉木
水草	A　綠溫蒂椒草
	B　黑木蕨
	C　迷你三裂天胡荽
	D　迷你小榕
	E　小噴泉草

綠溫蒂椒草種下不久後，在習慣水質的過程中，雖然舊葉會枯萎而溶在水中，不過也會漸漸長出新葉。

造景配置（俯視圖）

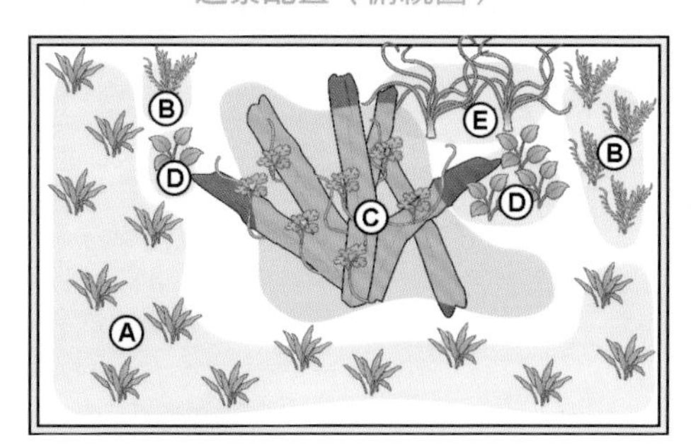

可愛的庫勒潘鰍，有著黃色和黑色的對比色，習慣在水底找食物，可以幫忙清除殘餘的飼料。

PART
10
36cm

幻想異空間派

以白色作為主題，極具個性的造景。想要充分展現魚隻的透明感和白色的底床，層次分明是最重要的。從上往下逐漸變深的水草濃淡層次、色調沉穩的熔岩石等，可以用來測試組合的品味。

真紅眼白子霓虹禮服孔雀魚，白色中透著藍色。

德系黃尾禮服的特徵是黃色的柔和色調和開展的大尾鰭。

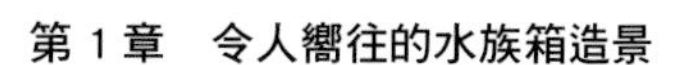

◆水族箱資料

水箱尺寸（mm）	360×210×260
水溫（度）	25
pH	6.8～7.0
底砂	Project Soil Premium・特白砂
照明	24W+20W長臂燈
過濾器	外掛式過濾器
CO_2	1滴／秒
肥料	液體肥料
魚	真紅眼白子霓虹禮服孔雀魚（日本產）
	德系黃尾禮服（日本產）

◆使用器材（岩石、沉木、水草等）

裝飾品	石頭
水草	A　細葉水蘭
	B　綠松尾
	C　珍珠草
	D　尖葉紅蝴蝶
	E　牛毛氈
	F　小草皮

造景配置（俯視圖）

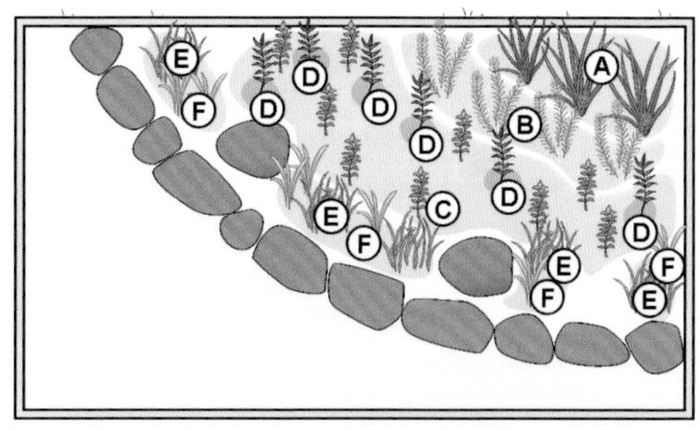

種在珍珠草中的尖葉紅蝴蝶，在這個水族箱中用不到十株，卻成為強調重點。

珍珠草的特徵是葉子細小，稍微提前修剪，就能形成濃密的狀態。

如何打造理想的水族箱

有的人心中會有清楚的計畫，「想要打造一個像這樣的水族箱」，
但也一定有「只有大概的想像，就先試試看吧」的人。
這裡為你介紹理想中的水族箱造景製作重點，讓你即使是第一次布置也不會失敗。

決定好主要的飼養魚後，再打造環境

主要的飼養魚不同，水族箱的大小和必需設備也會不一樣。例如：對於大魚或群泳的魚來說，水族箱最好空間要夠寬敞；對於需要有乾淨水質才能生存的魚來說，就必須有強力的過濾器。所以，首先決定要在水族箱中主要飼養哪種魚吧！

水族箱的造景上，組合和適合性都很重要，因此決定飼養的魚隻時，可以請教水族店的員工，他們會幫你選擇適合的水族箱、水草、器具。這個時候，如果能將預算、放置水族箱的場所、理想水族箱造景的照片等拿給對方看，更能夠配合你的希望為你挑選，自然不會失敗。

決定好主要飼養的魚種後，接下來就是決定可以一起同游的魚和水草。此時的重點是：盡量將水族箱打造成接近自然的狀態，不要放入不能混合飼養的魚。如果放入的魚隻數量超過水族箱容量，或是放入性格不合的種類等，會對魚兒形成壓力，應該注意，盡可能避免。

水草方面，鐵皇冠和小榕等不需要肥料和強烈光線的強健種類，比較容易栽種。有些魚會把水草吃掉，選擇的時候必須注意。

慢慢將造景布置完成至理想的型態

備齊器具和用品，就可以趕快試試水族箱的布置（詳細方法請參照131~144頁）。想要成功布置完成的訣竅，在於試著將腦中的想法畫出來。如果是不擅長畫圖的人，只要能畫出大致上的構圖就可以了，例如：將中央布置成山形；栽種水草將左右拉高、中央留有空間的谷型；將水草配置在右上方或是左上方等。一邊看著圖一邊布置，比較容易成形。

還有，想要美觀就必須注意高低層次。將長得高的水草放在後面、比較矮的水草放在前面，做出高低差和深度；前方或單側打造成什麼都不放的空間，讓它帶有變化，就能簡單營造出高低層次。

想要從一開始就將造景布置到完全符合心中所想是有困難的，所以不需要一次就全部完成，可以一邊調整一邊讓布置接近理想的型態。水草會隨著生長改變形狀，還有生長方式和顏色也會因為環境而變化。這些都是在不斷嘗試錯誤後，漸漸達到理想的，也是水族箱的醍醐味所在。

勤加管理才能維持水族箱美麗的造景

維持水族箱美麗的訣竅，在於勤加管理。重點就是：別忘了在適當的範圍下進行換水、清潔、修剪水草、補充營養等工作。

次數上，太少次雖然不行，不過若是太多次，也會變成頻繁改變環境，對於魚和水草來說都是不好的。只要遵守一個星期一次的頻率，仔細地做好維護，你的水族箱將會變得更有吸引力。

Chapter

[第 2 章]

世界的熱帶魚和水草圖鑑262種

從水族箱的基本款到最新熱門種，
讓你了解226種熱帶魚和36種水草的詳細資料。
是挑選熱帶魚時不可或缺的珍貴情報。

從世界地圖看 不同地區的人氣熱帶魚

雖然都稱為熱帶魚，卻有各種不同的原產地。即使是相同的品種，東南亞的熱帶魚和非洲的就大不相同。在深入了解熱帶魚上，原產地是哪裡饒富趣味。因為每隻魚適合的水溫或水質，完全取決於原產地。除此之外，只要想像這些魚兒洄游於亞馬遜河、往來於尼羅河的姿態，夢想和浪漫就隨即展開了。

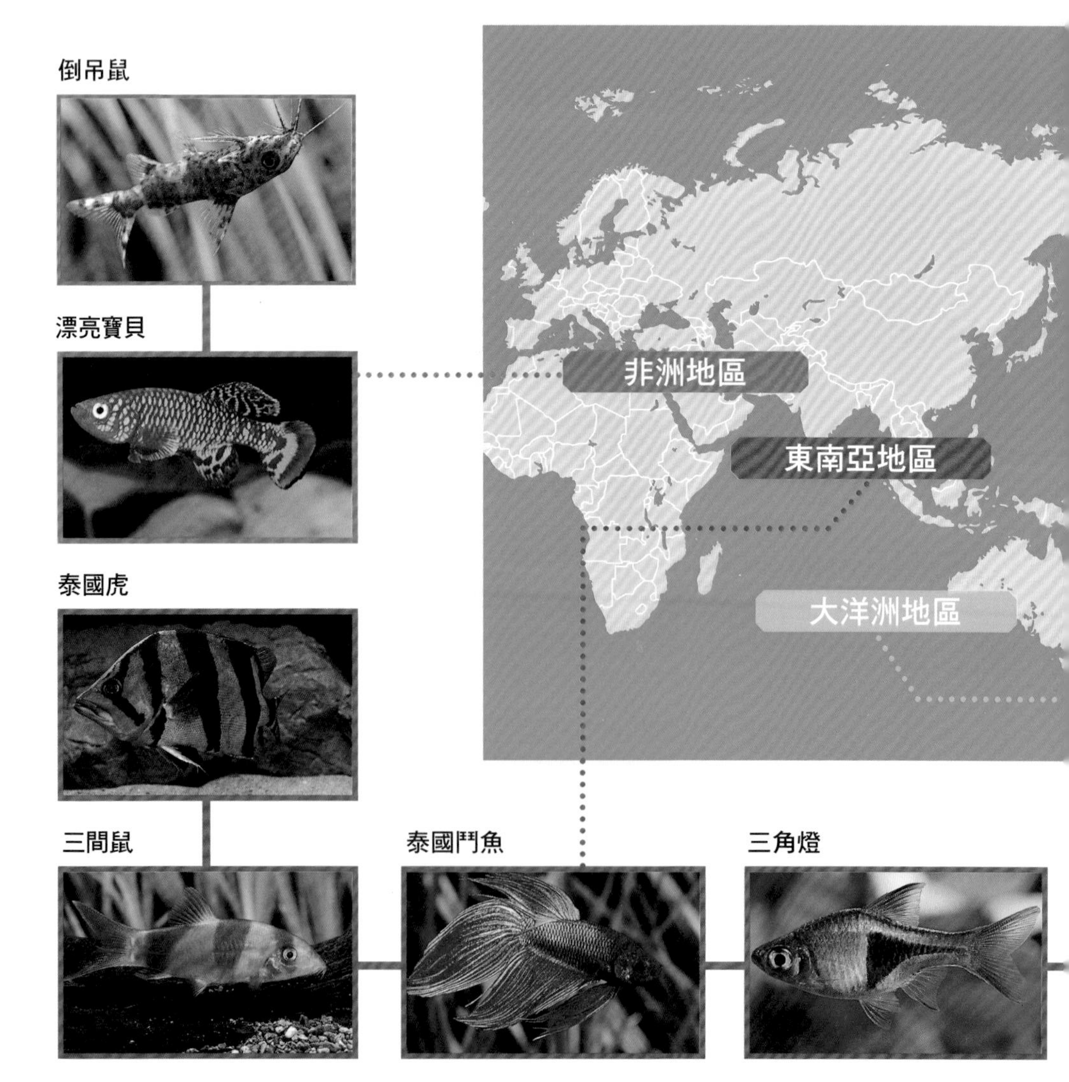

弓鰭魚

德州豹

神仙魚

皇室藍七彩

日光燈

北美・中美洲地區

南美洲地區

紅尾鴨嘴

電光美人

亞洲龍魚

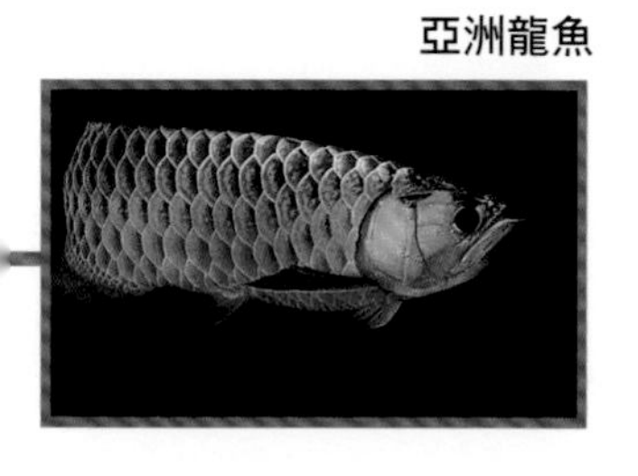

珍珠燕子

珍珠龍魚

鱂科的族群

鱂科的魚可以分為卵胎生和胎生兩種不同的繁殖型態。
孔雀魚和滿魚等卵胎生鱂魚，容易購得而且體質比較強健，
繁殖上也十分容易，適合新手飼養。

體質強健又美麗，新手也能享有繁殖的樂趣

鱂科的魚廣泛分布於全世界的熱帶地區，即使在日本，也是自古以來就是為人所熟知的觀賞用魚。其中以孔雀魚和滿魚、劍尾魚等最受歡迎，幾乎所有的水族店內都可以看到。價格相對便宜、容易入手，也是魅力之一。

之所以受到歡迎，不單只是因為擁有豐富的色彩、美麗的姿態，生命力強也是一個原因。只要備齊基本器具，任何水族箱都能飼養的品種非常多，所以很多人最初飼養的都是這個族群的魚。

而且，卵胎生鱂科魚的繁殖也很簡單，只要將雌魚和雄魚混合飼養，就可以親眼看到稚魚誕生的瞬間。

如果希望稚魚和親魚一樣美麗，就必須制訂繁殖計畫。不過即使是新手，也能夠非常貼近地觀察到生命誕生的整個過程，就是極大的魅力了。

和卵胎生的鱂科魚相比，大多數的卵生鱂科魚都棲息在獨特的環境中，所以比較無法適應水質和水溫的變化。

因此對新手來說，飼養上大概會有些許的困難。可以的話，在學會水質和日常管理等基本的照顧方法後，再挑戰飼養會比較適合和安心。

鱂科的魚類，一般來說大多是小型且性格溫和的品種，如果是小型魚彼此間的混合飼養，應該不用花費太多的心思。

\ 體驗繁殖的樂趣 /

除了觀賞，還想要觀察魚類的生態，一定要現場看到卵胎生鱂魚的生產。第一次看到生命的誕生絕對會讓人感動！

藍草尾孔雀魚　（日本產）

孔雀魚

Poecilia reticulata var.

孔雀魚受人喜愛的程度，就如同經常聽到的一句話「始於孔雀魚，終於孔雀魚」，越是飼養，越能感受到其中的深奧。牠的魅力之一，是牠美麗的姿態，又長又大的尾鰭和色彩繽紛的體表花紋，是經過一再的品種改良後才產生的，堪稱是藝術品了！

不僅是因為美麗，對於水質和水溫的變化適應力強，即使是新手也能比較輕鬆地飼養，也是牠長久以來保有人氣的原因之一。

和日本國外產的相比，日本國內繁殖的孔雀魚，品種穩定、比較容易飼養，雖然價格稍高，但還是推薦給想要繁殖孔雀魚的人。最後挑選哪一種，依照各人的喜愛而定，但都希望你能體會到親手創造出孔雀魚之美的喜悅。

分布	改良品種	水溫(度)	25
飼料	薄片・顆粒	全長(㎝)	4
水質	pH6左右・弱軟水～弱硬水	對象	初級者～

真紅眼白子霓虹禮服孔雀魚（日本產）

紅草尾孔雀魚（日本產）

鑽石孔雀魚（外國產）

馬賽克禮服孔雀魚（日本產）

蛇王孔雀魚（日本產）

白子紅尾孔雀魚（日本產）

黑禮服孔雀魚（外國產）

佛朗明哥孔雀魚（外國產）

霓虹禮服孔雀魚（外國產）

紫孔雀魚（外國產）

馬賽克孔雀魚（外國產）

黃金蛇王孔雀魚（外國產）

德系黃尾禮服孔雀魚（日本產）

琴尾黑茉莉

Poecilia latipinna×Poecilia velifera

這是將茉莉花鱂和帆鰭花鱂的交配種，更進一步做色彩和體型改良後的品種。茉莉品種的體型比孔雀魚和滿魚大，生產稚魚的次數、數量也比較多。

分布	改良品種	水溫(度)	25
飼料	薄片・顆粒	全長(cm)	8
水質	pH6左右・弱軟水～弱硬水	對象	初級者～

氣球茉莉

Poecilia velifera var.

帆鰭花鱂的改良品種。和滿魚一樣，體質強健，容易飼養，也可以繁殖。繁殖的後代混雜有氣球體型者和正常體型者。雄魚的背鰭比雌魚的大且美。

分布	改良品種	水溫(度)	25
飼料	薄片・顆粒	全長(cm)	5
水質	pH6左右・弱軟水～弱硬水	對象	初級者～

琴尾氣球茉莉

Poecilia latipinna×Poecilia velifera

氣球茉莉和琴尾茉莉交配出來的品種，獨特的體型是牠最大的特徵。非常容易飼養，極其大眾化，不過仍須注意水質惡化的問題。

分布	改良品種	水溫(度)	25
飼料	薄片・顆粒	全長(cm)	5
水質	pH6左右・弱軟水～弱硬水	對象	初級者～

紅劍尾

Xiphophorus helleri var.

原產地在中美洲的卵胎生鱂科魚，雄魚的尾鰭會隨著成長而伸長，充分表現出牠名字的由來。目前已經養殖出許多的改良品種，日本也有大量販售。

分布	改良品種	水溫(度)	25
飼料	薄片・顆粒	全長(cm)	8
水質	pH6左右・弱軟水～弱硬水	對象	初級者～

紅太陽

Xiphophorus maculatus var.

新手也都很熟悉的一種卵胎生鱂魚。容易飼養，繁殖也很簡單，不過飼養的水質最好保持新鮮，並加入一點點的鹽分。除了紅色，還有多種顏色變化。

分布	改良品種	水溫(度)	25
飼料	薄片・顆粒	全長(cm)	4
水質	pH6左右・弱軟水～弱硬水	對象	初級者～

米老鼠（藍鏡）

Xiphophorus maculatus var.

滿魚的改良品種。因為尾根部的紋樣很像「米老鼠」的剪影，所以有這樣的稱呼。還有紅色、白色、金色等各種顏色變化。

分布	改良品種	水溫(度)	25
飼料	薄片・顆粒	全長(cm)	4
水質	pH6左右・弱軟水～弱硬水	對象	初級者～

大帆金鴛鴦

Xiphophorus variatus var.

雜色劍尾魚的改良品種，在東南亞地區有大量養殖。和其他的滿魚類一樣容易飼養。和紅太陽、米老鼠魚等相比，色彩稍微厚重。

分布	改良品種	水溫(度)	25
飼料	薄片・顆粒	全長(cm)	5～6
水質	pH6左右・弱軟水～弱硬水	對象	初級者～

四眼魚

Anableps anableps

左、右眼球，都可分成看水面上的部分和看水中的部分，因而得名。最好使用海水加倍稀釋後的水飼養。和孔雀魚同樣都是卵胎生。

分布	巴西	水溫(度)	26
飼料	顆粒・紅蟲	全長(cm)	20
水質	pH 6～7・弱硬水	對象	中級者～

藍眼燈

Aplocheilichthys normani

卵生鱂魚的代表品種。棲息在非洲的小河或是沼澤地。特徵是眼睛上有金屬藍的眼影，在水草造景的水族箱中被映襯得格外美麗。

分布	非洲中西部	水溫(度)	25
飼料	薄片	全長(cm)	3
水質	pH6左右・弱軟水	對象	初級者～

藍彩鱂

Aphyosemion gardneri

和假鰓鱂屬的魚相比，擁有較細長的體型，是一種纖細的卵生鱂魚。市面上大多有販售地區變異種和改良品種，必須配合產地和生產者的水質來調整飼養的水質。

分布	奈及利亞	水溫(度)	26
飼料	薄片	全長(cm)	5
水質	pH 5～6・弱軟水	對象	中級者～

漂亮寶貝

Nothobranchius rachovii

假鰓鱂屬的魚繁殖時，必須將產下的卵連同產卵床一起暫時乾燥。若有充分的水質管理，比較容易讓魚兒呈現出原本的美麗。

分布	莫三比克	水溫(度)	26
飼料	薄片	全長(cm)	5
水質	pH 5～6・弱軟水	對象	中級者～

斑節鱂

Pseudepiplatys annulatus

也稱為環帶扁鱂的卵生鱂魚，體側的黑色帶狀圖案和魚鰭的色彩非常美麗。30cm的水族箱就能夠飼養，甚至進行繁殖，不過無法適應水質的突然變化，必須注意。

分布	賴比瑞亞	水溫(度)	24
飼料	薄片・顆粒	全長(cm)	5
水質	pH6左右・弱硬水	對象	中級者～

脂鯉科的族群

脂鯉科的魚主要分布在南非和非洲等熱帶地方，
有非常多的種類興盛繁衍著。
大多為體質強健、容易飼養的品種，也是非常受歡迎的熱帶魚入門魚。

容貌具多樣性 又深富特色，魅力十足

日光燈、紅蓮燈等水族迷非常熟悉的燈魚類，都屬於脂鯉科。脂鯉科的魚種類非常的多，有成魚體型如日光燈般3～4cm的小型魚，也有南美牙魚般長到50cm的大型魚，品種極具多樣性。

另外，既然有群泳之姿美不勝收的小型燈魚，那麼也有著名的肉食性魚紅腹食人魚、魚食性的皇冠大暴牙等形態和習性十分獨特的魚，不同種類各有不同的容貌、姿態，吸引著許多狂熱的魚迷。

小型燈魚是脂鯉族群中最受歡迎，也是自古以來最為人們熟悉的熱帶魚，主要分布在仍保留著豐富大自然的南美大陸。

神祕的亞馬遜河流域還有許多人類未知的部分，像是至今依然有新品種的發現，奇妙且樂趣無窮。

小型燈魚大多是性格溫和的魚種，可以和其他魚種混合飼養，或是在造景水族箱中讓牠們群游地飼養，可以配合個人的喜愛，享受飼養的樂趣，也是其魅力所在。

向來被視為凶猛的紅腹食人魚，不管是幼魚或成魚都擁有鮮豔的色彩，觀賞價值高，繁殖方面也是深富趣味。性格膽小卻會成長到25cm大，對於新手來說並不是容易飼養的魚。而牠實際的樣貌和人們為牠打造的形象也有非常大的落差，跟飼養小型燈魚類的樂趣截然不同。

欣賞10隻以上群游的樂趣

說小型燈魚的魅力就在於群游，一點都不為過。盡量飼養超過10隻以上，就可以欣賞牠們群游的姿態了。

日光燈

Paracheirodon innesi

熱帶魚的代表品種，目前大多進口中國和東南亞各國繁殖的。飼養容易，但不耐水質的變化，在水族箱內繁殖較困難。

分布	南美北部	水溫(度)	25
飼料	薄片・顆粒	全長(cm)	3～4
水質	pH6左右・弱軟水	對象	初級者～

鑽石日光燈

Paracheirodon innesi

鑽石日光燈就是身體表面有細菌共生的日光燈魚，身體會散發出美麗的金色，是牠的最大特色。近年來少有野生品種進口，所以極為罕見。

分布	南美北部	水溫(度)	25
飼料	薄片・顆粒	全長(cm)	3～4
水質	pH6左右・弱軟水	對象	中級者～

綠蓮燈

Paracheirodon simulans

體型比其他的燈魚小一號，屬於群體生活的種類。放入水族箱後，立刻以一天3～5次的方式，餵食少量的飼料，就可以讓牠不至消瘦地逐漸習慣水族箱的環境。

分布	南美	水溫(度)	25
飼料	薄片・顆粒	全長(cm)	3
水質	pH6左右・弱軟水	對象	中級者～

紅蓮燈

Paracheirodon axelrodi

最具代表性的熱帶魚，卻幾乎沒有養殖。對於水質非常敏感，繁殖相當困難。非常適合有大量水草造景的水族箱，喜歡群體行動。

分布	巴西・哥倫比亞	水溫(度)	25
飼料	薄片	全長(cm)	3～4
水質	pH 5～6・弱軟水	對象	初級者～

火兔燈

Aphyocharax rathbuni

成長後全身帶有綠色，腹部到尾鰭的部分呈現暗紅色。性格稍微膽小，對於水質很敏感，不過飼養上並不會太困難。

分布	パラグアイ	水溫(度)	25
飼料	薄片・顆粒	全長(cm)	5
水質	pH6左右・弱軟水	對象	初級者～

露比燈

Axelrodia stigmatias

進口到日本的還有名為紅鑽露比燈、血紅露比燈，是哥倫比亞產的其他品種。尾根部有紅色或黃色圖案標記，是因為地區的差異，黃色的可以大量輸入日本。

分布	巴西・秘魯	水溫(度)	25
飼料	薄片・絲蚯蚓	全長(cm)	3
水質	pH 5～6・軟水	對象	初級者～

銀燕子

Gasteropelecus sternicla

此魚會在水面附近游泳，受到驚嚇就會跳出水面，必須注意水族箱的蓋子，不可以留有太大的縫隙。對於水質雖然稍微敏感，不過飼養上並不困難。

分布	蓋亞那	水溫(度)	25
飼料	薄片	全長(cm)	5～6
水質	pH 5～6・弱軟水	對象	初級者～

黑裙

Gymnocorymbus ternetzi

體質非常強健，是很容易飼養的魚種。有白化、著色、長鰭等多種改良品種。對其他魚隻的魚鰭抱有好奇心，所以不適合和孔雀魚等一起飼養。

分布	南美北部	水溫(度)	25
飼料	薄片・顆粒	全長(cm)	5～6
水質	pH6左右・弱軟水～弱硬水	對象	初級者～

黃日光燈

Hasemania nana

也以「Silver Tipped Tetra」之名販賣的普通魚種。和其他小型魚種相處融洽，容易飼養。長大成熟後，各魚鰭的前端都會變成白色，非常美麗。

分布	巴西	水溫（度）	25
飼料	薄片・顆粒	全長（cm）	4～5
水質	pH6左右・弱軟水	對象	初級者～

紅頭剪刀

Hemigrammus bleheri

此魚種的黑色紋樣僅在尾鰭部分，但經常和黑色紋樣延伸至身體中央的紅鼻剪刀混淆。飼養上比較容易，具透明感的色彩和水草造景的水族箱很搭。

分布	巴西・哥倫比亞	水溫（度）	25
飼料	薄片・顆粒	全長（cm）	4～5
水質	pH 5～6・弱軟水	對象	初級者～

紅燈管

Hemigrammus erythrozonus

非常普通的小型脂鯉，經常有機會在寵物水族店看到。價格便宜，容易飼養，也適合和其他魚種混合飼養，喜歡群體行動。

分布	蓋亞那	水溫（度）	25
飼料	薄片	全長（cm）	3～4
水質	pH6左右・弱軟水	對象	初級者～

頭尾燈

Hemigrammus ocellifer

喜歡柔和的水流，群體生活。常吃薄片的飼料，不過最好給予植物成分比較多的。雄魚的體型比雌魚稍微細長。

分布	南美北部	水溫（度）	25
飼料	薄片・顆粒	全長（cm）	4～5
水質	pH 5～6・弱軟水	對象	初級者～

貝蒂燈

Hemigrammus pulcher

喜歡新鮮水質的強健脂鯉。以前，曾將巴西的個體群都視為跟牠同種，不過近年已經將產於巴西的分到名為「Hemigrammus heraldi」的其他品種。兩者飼養都很容易。

分布	秘魯	水溫（度）	25
飼料	薄片・顆粒	全長（cm）	4～5
水質	pH 5～6・弱軟水	對象	初級者～

紅印（血心燈魚）

Hyphessobrycon erythrostigma

體型稍大，有份量感的魚種。成熟的雄魚，各部位的魚鰭都會長得比較長。體質強健，任何餌料都可以吃，非常容易飼養，但是對其他的小型魚種可能略有攻擊性。

分布	哥倫比亞・巴西	水溫（度）	26
飼料	薄片・顆粒	全長（cm）	6
水質	pH6左右・弱軟水	對象	初級者～

黑燈管

Hyphessobrycon herbertaxelrodi

大多游在水族箱的中層到上層之間，最好餵牠浮水性飼料。性格溫和、具協調性，適合混合飼養。

分布	巴西	水溫（度）	25
飼料	薄片	全長（cm）	3～4
水質	pH6左右・弱軟水	對象	初級者～

檸檬燈

Hyphessobrycon pulchripinnis

從稚魚到小魚的期間，比較感受不到此魚種的特色，不過隨著成長，體色會漸漸轉變成亮麗的檸檬色。容易飼養，和其他魚種的相處也很好。

分布	巴西	水溫（度）	25
飼料	薄片・顆粒	全長（cm）	4～5
水質	pH6左右・弱軟水	對象	初級者～

紅尾金旗

Hyphessobrycon roseus

性格敏感，適合飼養在安靜的環境下。一旦受到驚嚇，便會躲在水草暗處。注意水質地用心飼養，身體部分就會呈現黃色，尾鰭根部附近則會出現深紅色。

分布	蓋亞那	水溫(度)	25
飼料	薄片・顆粒	全長(cm)	3
水質	pH6左右・弱軟水	對象	中級者～

黑旗

Megalamphodus megalopterus

特色是擁有和體型大小不成比例的大魚鰭，形狀非常美麗。隨著成熟，各魚鰭會漸漸變成消光黑的顏色。是市面上較常販售的魚種，飼養也很容易。

分布	巴西	水溫(度)	25
飼料	薄片・顆粒	全長(cm)	4～5
水質	pH 5～6・弱軟水	對象	初級者～

紅衣夢幻旗

Megalamphodus sweglesi

本種的和養殖的，在體色上有很大的差異，市面上是分開販售的。天然魚種全身呈現鮮豔的紅色，非常美麗，不過對於水質稍微敏感。基本上是容易飼養的。

分布	哥倫比亞	水溫(度)	25
飼料	薄片・顆粒	全長(cm)	4～5
水質	pH6左右・弱軟水	對象	初級者～

鑽石燈

Moenkhausia pittieri

直線脂鯉屬的脂鯉，大多喜歡吃水草，本種同樣會吃柔軟的水草。隨著成長，全身逐漸出現金屬的光澤，各魚鰭也會變長，是非常漂亮的脂鯉。

分布	委內瑞拉	水溫(度)	25
飼料	薄片・顆粒	全長(cm)	5～6
水質	pH6左右・弱軟水	對象	初級者～

紅目燈

Moenkhausia sanctaefilomenae

一般販售的小型脂鯉中體型比較大的，個性也稍微暴躁。雖然吃配合飼料，但因有強烈的植物食性，水族箱內最好種植水榕屬之類葉子較厚的水草。

分布	巴西・巴拉圭	水溫(度)	25
飼料	薄片・顆粒	全長(cm)	7
水質	pH6左右・弱軟水	對象	初級者～

尖嘴鉛筆魚

Nannobrycon eques

也以「騎士鉛筆魚」或「管口鉛筆魚」的名稱販售。飼養方法和三線鉛筆相同，不過對於水質稍微敏感。

分布	蓋亞那・巴西	水溫(度)	25
飼料	薄片・絲蚯蚓	全長(cm)	5～6
水質	pH6左右・弱軟水	對象	初級者～

三線鉛筆

Nannostomus trifasciatus

非常膽小，一受到驚嚇就會跳出水族箱，最好飼養在種植許多水草的水族箱中。熟悉飼養環境後，就會以鉛筆魚類朝向斜上方的獨特姿勢游泳。

分布	秘魯	水溫(度)	25
飼料	薄片	全長(cm)	4
水質	pH6左右・弱軟水	對象	初級者～

彩虹帝王燈

Nematobrycon lacortei

帝王燈雄魚的尾鰭有三根較長的鰭，分別在上端、中間和下端，相對地，本品種只有中間特別長。成熟的個體非常美麗，不過受水質的影響頗大。

分布	哥倫比亞	水溫(度)	25
飼料	薄片・顆粒	全長(cm)	5～6
水質	pH 5～6・弱軟水	對象	初級者～

帝王燈

Nematobrycon palmeri

和彩虹帝王燈同屬一個群組的魚種，飼養環境也大致相同。有一定程度的協調性，容易飼養，但是必須控制水質，才能使牠原本的美麗呈現出來。

分布	哥倫比亞	水溫（度）	25
飼料	薄片・顆粒	全長（cm）	4～5
水質	pH 5～6・弱軟水	對象	初級者～

紅尾玻璃燈

Prionobrama filigera

和楚楚可憐的外觀大相逕庭，個性比較粗暴，會去戳啄體型比自己小的魚，所以混合飼養時必須多加注意。對水質很敏感，喜歡新鮮的水。

分布	亞馬遜河	水溫（度）	25
飼料	薄片	全長（cm）	5～6
水質	pH 7・弱硬水	對象	初級者～

玻璃彩旗

Pristella maxillaris

在自然環境下，棲息於水流和緩、水草生長茂盛的沼澤地，因此最好飼養在以水草為造景的水族箱中。體質強健，容易飼養，和其他的小型魚種也能相處融洽。

分布	蓋亞那・巴西	水溫（度）	25
飼料	薄片・顆粒	全長（cm）	5
水質	pH6左右・弱硬水	對象	初級者～

企鵝燈

Thayeria boehlkei

平時大多是身體朝斜上方游，如果因為換水或其他的動作，產生了壓力，可能會使牠從水族箱跳出來。飼養上比較簡單，而且在水草水族箱中顯得非常漂亮。

分布	巴西・秘魯	水溫（度）	25
飼料	薄片	全長（cm）	5～6
水質	pH 5～6・弱軟水	對象	初級者～

紅眼綠平克

Arnoldichthys spilopterus

全身散放出金屬的色彩，是非常有特色的非洲原產脂鯉。體質強健，容易飼養，不過和小型魚種一起飼養時，可能會有攻擊性，所以混合飼養時必須多加注意。

分布	奈及利亞	水溫(度)	25
飼料	顆粒・紅蟲	全長(㎝)	10～12
水質	pH6左右・弱軟水	對象	初級者～

紅銅大鱗脂鯉

Chalceus erythrurus

和腹鰭呈粉紅色的紅尾平克相似，不過體型較小、腹鰭是黃色的。體質強健，容易飼養。雖然非常活潑但性格暴躁，最好和比牠大型的魚一起飼養。

分布	巴西	水溫(度)	25
飼料	顆粒・紅蟲	全長(㎝)	18～20
水質	pH6左右・弱軟水	對象	初級者～

剛果霓虹

Phenacogrammus interruptus

最普遍的非洲原產脂鯉，飼養非常簡單。成長後體型會變大，最好和同等大小的魚種一起飼養。成熟的雄魚魚鰭會伸長到下垂的程度。

分布	剛果	水溫(度)	25
飼料	薄片・顆粒	全長(㎝)	7～10
水質	pH 6～8・弱軟水	對象	初級者～

扁脂鯉

Abramites hypselonotus

飼養上不是很困難，不過植物食性很強，不適合有布置水草的水族箱。性格粗暴，隨著成長而變得具攻擊性，最好單獨飼養。

分布	巴拉圭	水溫(度)	25
飼料	植物性薄片	全長(㎝)	15
水質	pH 6～7・弱軟水	對象	中級者～

銀火箭

Ctenolucius hujeta

喜歡水溫比較低的環境，屬於魚食性的脂鯉。容易飼養，不過必須準備稍大型水族箱，最好用新鮮的飼養水飼養。還有，必須注意不可餵過多的飼料。

分布	哥倫比亞・委內瑞拉	水溫(度)	23
飼料	冷凍紅蟲・鱂魚・金魚	全長(cm)	25
水質	pH6左右・弱軟水～弱硬水	對象	初級者～

藍國王燈

Inpaichthys kerri

和帝王燈（P50）非常相似，有時可能混在一起販售。成熟的雄魚，其背部的紫色比雌魚還鮮豔，偶而也會追逐比自己小型的魚。

分布	巴西	水溫(度)	25
飼料	薄片	全長(cm)	4～5
水質	pH6左右・弱軟水	對象	初級者～

高身銀板

Metynnis hypsauchen

有如圓形銀板的體型，十分有特色，是植物食性的溫和魚種。牠的協調性佳、體質強健也容易飼養，不過因為食性的關係，不適合飼養在水草造景的水族箱中。

分布	巴西	水溫(度)	25
飼料	植物性薄片・顆粒	全長(cm)	20
水質	pH6左右・弱軟水	對象	初級者～

紅腹食人魚

Pygocentrus nattereri

最普通的食人魚代表魚種。雖然飼養上不需要技巧，但因可能發生同類相殘的情形，最好單獨飼養。牙齒銳利，進行清潔維護時必須十分注意。

分布	巴西	水溫(度)	26
飼料	鱂魚・金魚	全長(cm)	30
水質	pH6左右・弱軟水	對象	初級者～

黑紋紅腹食人魚

Pygocentrus cariba

棲息在奧里諾科河流域的食人魚類。飼養容易、體質強健，能夠適應的水質範圍也大，飼養上不需要特別的技巧。不過，擁有強而有力的下顎和牙齒，必須小心與注意。

分布	巴西	水溫（度）	25
飼料	金魚・鱂魚	全長（cm）	28
水質	pH6左右・弱軟水	對象	初級者～

短吻皇冠九間

Distichodus sexfasciatus

同屬中還有最大可以長到30cm左右的長吻皇冠九間，和本魚種是不同的品種。兩者都很容易飼養，不過性格暴躁、會吃水草，最好單獨飼養在以沉木為造景的水族箱中。

分布	剛果	水溫（度）	25
飼料	顆粒・紅蟲	全長（cm）	50
水質	pH6左右・弱軟水	對象	初級者～

南美牙魚

Hoplias malabaricus

在美國有「狼魚」之稱，擁有銳利的牙齒和強力的下顎，飼養時必須十分注意。夜行性，白天會躲在水草的陰暗處。容易飼養。

分布	南美	水溫（度）	27
飼料	鱂魚・金魚	全長（cm）	50
水質	pH6左右・弱軟水～弱硬水	對象	中級者～

皇冠大暴牙

Hydrolycus scomberoides

如同英文「Vampire Characin（吸血鬼脂鯉）」的稱呼，是擁有銳利尖牙的魚食性脂鯉。有人認為體長超過1公尺，不過尚無定論。最好用150公升以上的水族箱飼養。

分布	巴西	水溫（度）	25
飼料	金魚・鱂魚	全長（cm）	30
水質	pH6左右・弱軟水	對象	中級者～

慈鯛科的族群

神仙魚、七彩神仙魚等容貌、姿態深具特色而令人著迷的慈鯛科魚類，
可以說是熱帶魚的代表品種。
許多人就是因為熱愛這些魚，才開始飼養熱帶魚的。

不可思議的外觀和育兒的姿態最具魅力

慈鯛科魚類的分布，主要以中南美洲和非洲為中心。這個族群中，有很多是自古以來就是水族愛好者熟悉的魚，例如：有熱帶魚之王稱呼的七彩神仙魚和神仙魚等。

特別引人注目的，是牠們深具特色的外貌和姿態，例如：體型圓弧的七彩神仙魚、份量感十足的紅豬等。

還有，有「經典熱帶魚」之稱的神仙魚，以及色彩非常漂亮的黃帝、七彩鳳凰等，大多都有令人印象深刻的姿態，或許可以說是新手夢想中的熱帶魚吧！

這個種類有許多魚的育兒行為非常有趣，所以熟練飼養工作之後，一定要向繁殖工作挑戰。雖然每種魚的情況不相同，不過大多不會太困難。

親魚不是光產下魚卵，還會保護卵和稚魚免避受外敵侵害，即使是魚，也可以讓人真切感受到親子之間的愛。

七彩神仙魚的親魚會從體表分泌乳狀的「七彩神仙魚乳汁」，看到稚魚為了吸吮而圍繞在親魚周圍的光景，讓人不禁想要微笑。還有，斑馬雀會將卵和稚魚含入口中養育（口孵）。

自己繁殖，將可以近距離觀察到這些獨特的生態。

紅豬會和人親近，長時間飼養後，能夠區別飼主和其他人的不同。體長可以達30cm左右，非常具存在感，能以養寵物的感覺來飼養，有點異於其他的熱帶魚。

\ 觀察育兒的情況 /

外貌極具特色的慈鯛科熱帶魚，有各式各樣的育兒方式。近距離觀察牠們傾注愛的育兒情況，也是樂趣之一。

神仙魚

Pterophyllum scalare

高知名度的熱帶魚種類，自古至今一直受人喜愛。市面上流通的大多以東南亞養殖的為主。從秘魯進口的野生個體對水質有點過敏。

分布	秘魯・厄瓜多爾	水溫(度)	25
飼料	薄片・顆粒	全長(cm)	13
水質	pH6左右・弱軟水	對象	初級者～

大理石神仙

Pterophyllum scalare var.

神仙魚的改良品種。飼養上和神仙魚一樣，對於水質的變化較敏感，不過飼養容易，可以在水族箱內繁殖。會把卵產在皇冠草屬等大葉子的水草上。

分布	改良品種	水溫(度)	25
飼料	薄片・顆粒	全長(cm)	13
水質	pH6左右・弱軟水	對象	初級者～

金神仙

Pterophyllum scalare var.

神仙魚的改良品種。魚鰭很長的稱為「紗尾」；魚鱗排列不規則的稱為「鑽石」；身體透而可見者則稱為「透明鱗」。

分布	改良品種	水溫(度)	25
飼料	薄片・顆粒	全長(cm)	13
水質	pH6左右・弱軟水	對象	初級者～

埃及神仙

Pterophyllum altum

除了一部分是養殖的，其餘全都是天然的。對於水質非常敏感，飼養初期必須做精細的調整。最好使用深度45cm以上的水族箱飼養。水族箱內的繁殖非常困難。

分布	哥倫比亞・委內瑞拉	水溫(度)	24
飼料	薄片・顆粒	全長(cm)	15
水質	pH5～6・軟水	對象	高級者

皇室藍七彩

Symphisodon aequifasciatus

包含本種在內的原種七彩神仙魚，對於水質非常敏感，如果無法調整好水質，就難以欣賞到牠本來的美麗。購入時最好確認採集地和當地的水質、店家飼養管理時的水質。

分布	巴西	水溫(度)	25
飼料	顆粒・絲蚯蚓	全長(cm)	18
水質	pH5～6・弱軟水	對象	中級者～

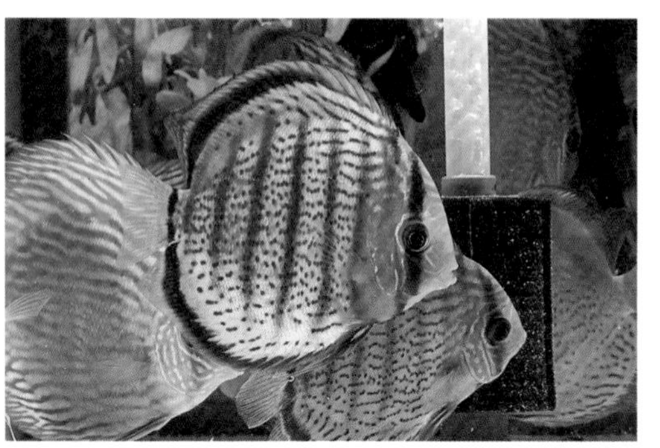

皇室綠七彩

Symphisodon aequifasciatus

屬於地域變異種，是許多改良品種的七彩神仙原型之一。從南美進口，不過每隻魚的色彩差異很大，價格也依美麗的程度而異。

分布	秘魯・巴西	水溫(度)	25
飼料	顆粒・絲蚯蚓	全長(cm)	18
水質	pH5～6・弱軟水	對象	中級者～

藍鑽七彩

Symphisodon aequifasciatus var.

七彩神仙的改良品種。全身一片藍是長年改良後的成果。本品種堪稱極致的魚種之一。比較容易適應水質和飼養。

分布	改良品種	水溫(度)	27
飼料	顆粒・絲蚯蚓	全長(cm)	18
水質	pH6左右・弱軟水	對象	中級者～

鴿子紅七彩

Symphisodon aequifasciatus var.

七彩神仙的改良品種。橘色比較強烈的品種，和其他以藍色為基調的七彩神仙有明顯區隔。
可以在水族箱內繁殖，不過必須使用專用的素燒陶瓷產卵塔。

分布	改良品種	水溫(度)	27
飼料	顆粒・絲蚯蚓	全長(cm)	18
水質	pH6左右・弱軟水	對象	中級者～

阿卡西短鯛

Apistogramma agassizii var.

市面上販賣的大多是歐洲改良的個體，是非常美麗的小型慈鯛。基本上喜歡軟水，不過養殖的個體並不需要如此講究。

分布	巴西	水溫(度)	25
飼料	薄片・顆粒	全長(㎝)	5～6
水質	pH5～6・軟水	對象	中級者～

鳳尾短鯛

Apistogramma cacatuoides

背鰭前面部分的軟條比較長是其特色。養得漂亮的個體，非常有魅力。
歐洲和其他地方有許多的改良品種被繁殖，而且人工繁殖的比野生的更容易飼養。

分布	秘魯・巴西	水溫(度)	25
飼料	薄片・顆粒	全長(㎝)	5.5
水質	pH6～7・弱軟水	對象	初級者～

三線短鯛

Apistogramma trifasciata

雄性成魚的體側散發出金屬藍的光澤。基本上，野生個體大多由巴西進口，不過進口量依季節而異。對於水質稍微敏感，必須維持軟水。

分布	南美	水溫(度)	25
飼料	薄片・顆粒	全長(㎝)	4～5
水質	pH6・軟水	對象	初級者～

七彩鳳凰（荷蘭鳳凰）

Papiliochromis ramirezi

一般看到的都是東南亞養殖的，而在歐洲養殖的七彩鳳凰，色彩和體型都被改良得更加美麗。飼養容易，適合混合飼養，可以自己繁殖。

分布	委內瑞拉	水溫(度)	25
飼料	薄片・顆粒	全長(㎝)	4～5
水質	pH5～6・弱軟水	對象	初級者～

畫眉

Mesonauta festivus

神仙魚的近親，是人們自古以來就熟悉的慈鯛類。體質強健，適合新手飼養，不過會吃掉小型的脂鯉和鱂魚等，必須注意。

分布	南美	水溫(度)	26
飼料	薄片・顆粒	全長(cm)	9
水質	pH6～8・軟水	對象	初級者～

德州豹

Herichthys cyanoguttatus

棲息在中美洲的慈鯛科代表種。飼養容易，食欲旺盛。具有魚食性和強烈的地盤意識，所以不管是同種還是他種，都很難混合飼養。

分布	美國南部・墨西哥	水溫(度)	26
飼料	顆粒・鱂魚	全長(cm)	20
水質	pH6～8・弱硬水	對象	中級者～

珍珠豹（十帶羅麗鯛）

Cichlasoma octfasciatus

英文名是1920年代拳擊重量級冠軍的名字——Jack Dempsey。如其名，地盤意識非常強烈，不適合混合飼養，不過成熟的個體非常漂亮、體質強健，容易飼養。

分布	墨西哥・宏都拉斯	水溫(度)	26
飼料	顆粒・鱂魚	全長(cm)	25
水質	pH6～8・弱硬水	對象	初級者～

紅豬

Astronotus ocellatus

東南亞亦有大量養殖，有不同色彩圖案和白子等品種。具強烈的魚食性，個性活潑，所以混合飼養時，最好飼養體型比牠大的魚。

分布	南美北部	水溫(度)	26
飼料	顆粒・鱂魚	全長(cm)	50
水質	pH6左右・弱軟水	對象	初級者～

皇冠三間

Cichla ocellaris

魚食性且欠缺協調性，混合飼養時最好選擇大型的龍魚或是鯰魚等。體質非常強健，飼養簡單，不過幼魚期容易過瘦，因此要餵食充分的飼料。

分布	南美北部	水溫(度)	26
飼料	鱂魚・金魚	全長(㎝)	80
水質	pH6左右・弱軟水	對象	初級者～

菠蘿魚（金麗魚）

Heros(Cichlasoma) severus

中型慈鯛科中，屬於個性比較溫和的，飼養容易，但最好避免和小型魚種混合飼養。市面上大多是東南亞養殖的，對水質的要求也比較不挑剔。

分布	南美北部	水溫(度)	25
飼料	薄片・顆粒	全長(㎝)	20
水質	pH6左右・弱軟水	對象	初級者～

金菠蘿

Heros(Cichlasoma) severus var.

菠蘿魚的白化人工改良或是白化個體，飼養上和菠蘿魚相同。比原種的菠蘿魚更受人喜愛，水族店也較常販售金菠蘿。

分布	改良品種	水溫(度)	25
飼料	薄片・顆粒	全長(㎝)	20
水質	pH6左右・弱軟水	對象	初級者～

花羅漢

雜交改良品種

這是「青金虎」和「紫紅火口」經由人工交配後的改良品種。飼養容易，不過最好單獨飼養。最大的特色就是頭部的隆起。

分布	改良品種	水溫(度)	26
飼料	薄片・顆粒	全長(㎝)	30
水質	pH6左右・弱軟水～弱硬水	對象	初級者～

血鸚鵡

雜交改良品種

這是將「紅魔鬼」和「紫紅火口」交配，並反覆進行品種改良後，做出外形像金魚的品種。新手也很容易飼養。

分布	改良品種	水溫(度)	26
飼料	薄片・顆粒	全長(cm)	20
水質	pH6左右・弱軟水～弱硬水	對象	初級者～

阿里

Sciaenochromis fryeri

非洲原產慈鯛的代表品種，金屬藍的色彩非常漂亮。養殖的阿里價格比較便宜，不過成長後不如天然的美麗。

分布	馬拉威湖	水溫(度)	25
飼料	薄片・顆粒	全長(cm)	18
水質	pH7～8・弱硬水	對象	初級者～

黃帝

Aulonocara baenschi

市面上販賣的大多是東南亞養殖的的。和非洲慈鯛一樣，使用鹼性水質養殖時，氨的毒性會增加，因此水族箱的過濾能力必須要夠強。

分布	馬拉威湖	水溫(度)	25
飼料	薄片・顆粒	全長(cm)	18
水質	pH7～8・弱硬水	對象	初級者～

藍茉莉

Cyrtocara moorii

長大後，額頭有圓形隆起，是非常獨特的非洲慈鯛。體質強健，容易飼養，繁殖也不困難。不過繁殖時，必須有大型的水族箱和平坦的薄石。雄魚會在口中保護魚卵。

分布	馬拉威湖	水溫(度)	25
飼料	薄片・顆粒	全長(cm)	20
水質	pH7～8・弱硬水	對象	初級者～

馬面

Dimidiochromis compressiceps

在馬拉威湖產的慈鯛中，算是魚食性較強的品種。飼養容易，不過混合飼養時必須注意。整體來說，慈鯛科類的魚都有強烈的地盤意識，尤其是形成配對時，表現得更加明顯。

分布	馬拉威湖	水溫(度)	25
飼料	薄片・顆粒	全長(cm)	25
水質	pH7～8・弱硬水	對象	初級者～

斑馬雀

Pseudotropheus lombardoi

非洲慈鯛中最容易買到的品種，價格也非常便宜。幼魚的身體基本上呈藍色，不過成熟的雄魚就會變成漂亮的黃色。體質非常強健，容易飼養。

分布	馬拉威湖	水溫(度)	25
飼料	薄片・顆粒	全長(cm)	10
水質	pH7～8・弱硬水	對象	初級者～

皇冠六間

Cyphotilapia frontosa

在坦干依喀湖原產的慈鯛中屬於大型的種類。市面上販賣的大多是3～10cm左右的幼魚，但是隨著長大，最後會需要90cm以上的水族箱。飼養容易，不過性格暴躁。

分布	坦尚尼亞	水溫(度)	25
飼料	薄片・顆粒	全長(cm)	30
水質	pH7～8・弱硬水	對象	初級者～

棋盤鳳凰

Julidochromis marlieri

小型的慈鯛，細長的體型非常有特色，通常在水族箱的低層游動。飼養容易，約60cm寬的水族箱就足以進行繁殖。會在岩石陰暗處進行產卵、育兒。

分布	坦尚尼亞	水溫(度)	25
飼料	薄片・顆粒	全長(cm)	10
水質	pH7～8・弱硬水	對象	中級者～

女王燕尾

Neolamprologus brichardi

一種棲息在坦干依喀湖的小型非洲慈鯛，喜歡鹼性的水質。各國都有大量養殖，以低價販售，不過地域變異種的價格會比較高。

分布	坦尚尼亞	水溫(度)	25
飼料	薄片・顆粒	全長(cm)	8
水質	pH7～8・弱硬水	對象	中級者～

紅肚鳳凰

Pelvicachromis pulcher

棲息在非洲河川中的小型慈鯛。以水榕屬之類的水草造景，就能重現非洲的水系環境。即使是小型水族箱也足以飼養，繁殖也不困難。

分布	奈及利亞	水溫(度)	25
飼料	薄片・顆粒	全長(cm)	10
水質	pH5～6・弱軟水	對象	中級者～

托氏變色麗魚

Anomalochromis thomasi

棲息在非洲流速緩和的河川和湖泊的小型慈鯛，但是感覺卻很像是棲息在南美的短鯛屬的魚。目前進口的為東南亞養殖的，體質強健，容易飼養。

分布	獅子山共和國	水溫(度)	25
飼料	薄片・顆粒	全長(cm)	6～8
水質	pH5～6・弱軟水	對象	初級者～

神眼菠蘿（橘子魚）

Etroplus maculatus

一種棲息在非洲和中美洲北部、南美以外地區的慈鯛。包含本品種在內，慈鯛科中屬於莫三比克口孵非鯽群組的魚，生態和生活在海水域的斑鰭雀鯛非常相似。

分布	印度・斯里蘭卡	水溫(度)	25
飼料	薄片・顆粒	全長(cm)	12
水質	pH6左右・弱軟水～弱硬水	對象	初級者～

攀鱸科的族群

攀鱸科的熱帶魚，有許多品種的生態都頗為奇特。
所以飼養牠們，不僅是因為牠們好看，
觀察牠們獨特的繁殖行為也是一種樂趣。

在其他魚類上無法看到的獨特生態最具魅力

攀鱸科的魚類主要分布在東南亞和非洲熱帶地區，最大的特徵就是擁有獨特的輔助呼吸器官。

牠們藉由名為迷鰓器官（迷宮器官）的輔助呼吸器官，可以吸入空氣，將氧氣攝取到體內。因此就算在水中氧氣量不足的地方，也不至於缺氧。

至於繁殖行為，大致區分成兩種，都非常獨特且有趣。

一種是麗麗魚和鬥魚類採取的繁殖行為，稱為築泡巢。也就是雄魚從口中吐出泡泡，形成泡巢，雌魚再將卵產在泡巢中孵化的方式。

另一種稱為口孵，是雌魚將產下的受精卵放入雄魚口中，保護受精卵一直到孵化的方式。

不管哪一種，都可以觀察到牠們從進入繁殖行為開始，到稚魚孵化能夠游泳為止，竭盡全力育兒的樣子。如果想飼養這種魚，一定要購買一對，就能觀察牠們獨特的繁殖行為了。

鬥魚名符其實有強烈的鬥爭心，將雄魚放在一起飼養，彼此間會激烈打鬥。在東南亞甚至有利用牠們打鬥的賭博，所以飼養雄魚時一定要單獨飼養。

除了鬥魚，大多屬於溫和的品種，可以混合飼養。

攀鱸科中比較普遍的麗麗魚類，漂亮的很多，飼養和繁殖也都很簡單，而且適應能力強，是值得推薦給新手飼養的魚種。

成對飼養，享受繁殖的樂趣

攀鱸科魚類的繁殖行為奇特、少見，一定要成對飼養，才能享有觀察生態的樂趣。

泰國鬥魚

Betta splendens var.

用稍大的杯子就能輕鬆飼養的普通品種。隨著改良的進行，有許多種色彩和形狀，價格也依照美麗的程度而有不同。如果能買到合得來的成對鬥魚，新手也能進行繁殖。

分布	改良品種	水溫(度)	26
飼料	顆粒・紅蟲	全長(cm)	7
水質	pH6左右・弱軟水	對象	初級者～

半月鬥魚

Betta splendens var.

「展示級鬥魚」的一種。是為了在比賽中爭妍鬥豔而改良的鬥魚。全身魚鰭展開時的美麗色彩和形狀，讓人有種彷彿花開的錯覺。

分布	改良品種	水溫(度)	25
飼料	顆粒・紅蟲	全長(cm)	7
水質	pH6左右・弱軟水	對象	中級者～

電光麗麗

Colisa lalia

大多成對販售。雌雄魚的體色差異很大，可以輕易分辨。容易擦傷，不過飼養簡單，飼料也吃得不少。包含本品種在內的攀鱸科魚類，都喜歡和緩的水流。

分布	印度・東南亞	水溫(度)	25
飼料	薄片・絲蚯蚓・紅蟲	全長(cm)	8
水質	pH6左右・弱軟水	對象	初級者～

霓虹麗麗

Colisa lalia var.

電光麗麗的改良品種，飼養方法也相同。可以在水族箱內繁殖。只要盡量避免水面的波動和水流，並種植漂浮植物在水面，雄魚就會築泡巢，在雌魚產卵後守護到孵化。

分布	改良品種	水溫(度)	25
飼料	薄片・絲蚯蚓・紅蟲	全長(cm)	8
水質	pH6左右・弱軟水	對象	初級者～

紅麗麗

Colisa lalia var.

和霓虹麗麗一樣，都是電光麗麗的改良品種，飼養方法也相同。除此之外，還有全身散發出金屬藍的「紫麗麗」和「粉藍麗麗」的改良品種。

分布	改良品種	水溫(度)	25
飼料	薄片・絲蚯蚓・紅蟲	全長(cm)	8
水質	pH6左右・弱軟水	對象	初級者～

接吻魚

Helostoma temminckii var.

擁有不只會親吻同類，也會親吻水草或石頭等的習性。基本上，這種習性屬於威嚇行為，性格比較暴躁，不過飼養容易。

分布	泰國・印尼	水溫(度)	25
飼料	顆粒・紅蟲	全長(cm)	30
水質	pH6左右・弱軟水	對象	初級者～

古代戰船

Osphronemus laticlavius

超大型的攀鱸，棲息在大型河川的淤水處。體質強健，容易飼養，不管是配合飼料或是昆蟲、水草、小型魚等，什麼都吃。成長迅速，最好一開始就準備大型的水族箱。

分布	泰國・印尼	水溫(度)	25
飼料	顆粒	全長(cm)	70
水質	pH6左右・弱軟水	對象	初級者～

巧克力飛船

Sphaerichthys osphromenoides

水族店中較常販售的觀賞魚，不過對水質非常敏感，尤其喜歡軟水，最好根據需要使用水質調整劑，以及經常餵食絲蚯蚓。

分布	印尼・馬來西亞	水溫(度)	26
飼料	薄片・絲蚯蚓	全長(cm)	6
水質	pH5～6・軟水	對象	初級者～

珍珠馬甲

Trichogaster leeri

只要在適當的環境下飼養，身體側面就會出現無數的珍珠斑點，成長後非常美麗。雄性成魚的魚鰭會伸長如梳子狀，很容易區別。是普遍又容易飼養的強健品種。

分布	馬來西亞・印尼・泰國	水溫（度）	25
飼料	薄片・絲蚯蚓・紅蟲	全長（cm）	12
水質	pH6左右・弱軟水	對象	初級者～

大理石萬隆

Trichogaster trichopterus var.

包含本品種在內的金萬隆同類，都是三星萬隆的改良品種。體質非常強健，容易飼養，是適合新手飼養的魚種。也是在原產地用來製作鹹魚或魚乾的重要食用魚。

分布	改良品種	水溫（度）	25
飼料	薄片・絲蚯蚓・紅蟲	全長（cm）	15
水質	pH6左右・弱軟水	對象	初級者～

黃金麗麗

Colisa sota var.

絲足鱸類會在水族箱中輕輕、悄悄地游來游去，讓人有種沉靜感。本品種在絲足鱸中算是體型較小的魚，性格溫和、體質強健，不過購買時大多偏瘦，最好勤於餵食。

分布	改良品種	水溫（度）	25
飼料	薄片・絲蚯蚓・紅蟲	全長（cm）	4
水質	pH6左右・弱軟水	對象	初級者～

三線叩叩魚（沙爾氏短攀鱸）

Trichopsis schalleri

小型的攀鱸，隨著成長會出現藍色的小斑紋，非常美麗。自然環境下大多棲息在沼澤地或溼地。對於水質的變化，適應力稍差，購買時必須注意。

分布	泰國	水溫（度）	25
飼料	薄片・絲蚯蚓	全長（cm）	5
水質	pH6左右・弱軟水	對象	初級者～

攀鱸

Anabas testudineus

體質非常強健，容易飼養。雖然不像牠的名字一樣，可以爬樹，不過擁有獨特的習性：可以從空氣中直接吸收氧氣，所以乾季時能夠到陸地四處走動，尋找水源，長達幾天到幾週。

分布	印度～中國	水溫（度）	25
飼料	顆粒・紅蟲	全長（cm）	25
水質	pH6左右・弱軟水	對象	初級者～

印度火箭

Luciocephalus pulcher

在攀鱸科中也是非常奇特的魚種，讓人聯想到雀鱔科的魚類。魚食性，會埋伏等待小型魚並且迅速捕食。進口量少，不容易適應水質的變化，所以需要一定程度的飼養技巧。

分布	馬來西亞	水溫（度）	25左右
飼料	鱂魚	全長（cm）	17
水質	pH6～7・弱軟水	對象	中級者～

七彩雷龍

Channa bleheri

在鱧科中算是小型的，具有纖細的魅力。對於水質的惡化極為敏感，必須充分過濾。基本上和非小型魚都能混合飼養，如果只是單單飼養牠，30cm寬的水族箱就足夠了。

分布	印度	水溫（度）	25
飼料	紅蟲・鱂魚	全長（cm）	15
水質	pH6左右・弱軟水	對象	初級者～

七彩海象

Channa pleurophthalma

隨著成長，身體側面的斑紋會出現橘色的鑲邊，全身帶有淡淡的金屬藍，是非常美麗的魚種。經常會吃小型魚，所以很難和小型魚混合飼養，不過體質強健，容易飼養。

分布	印尼	水溫（度）	25
飼料	金魚・鱂魚	全長（cm）	40
水質	pH6左右・弱軟水	對象	初級者～

鯉科・鰍科的族群

自古以來，以「鯽魚」的名字被日本人熟悉且非常普遍的鯉科觀賞魚，
體質強健、繁殖也很簡單，
大多屬於新手也能安心飼養的品種。

獨特的外貌和雄魚的婚姻色最具魅力

我們常常有機會看到鯉科的魚，此外，牠們受歡迎的程度也不亞於脂鯉科與慈鯛科的魚。

日本人最熟悉的魚，大概就是鯉科的魚了吧！

說到鯉科的魚，首先想到的就是金魚。相信有不少人應該都是玩撈金魚撈到後帶回家，才開始飼養起熱帶魚的吧！

主要棲息在東南亞熱帶地區的鯉科魚類，大多是體質強健的品種，因為健康、容易飼養，因此常被介紹給新手作為飼養的入門品種。

尤其是棲息在溫帶至亞熱帶的唐魚，非常能夠適應低溫，即使沒有特殊的器具也可以飼養。

飼養唐魚的問題非常少，甚至比養金魚還容易，因此對養魚沒有自信的人，或許可以從飼養唐魚開始。

波魚屬熱帶魚有很多種類，從以前就為人們所熟悉，體色會隨著越養越見光輝。所以，拿出真功夫來養魚也是一種樂趣。

這個族群的魚還有一個特色，就是雄魚一旦展開追著雌魚跑的繁殖行動時，體色便會發生變化。這種所謂的「婚姻色」非常漂亮，建議飼養十隻以上的魚群飼主，不妨向繁殖挑戰吧！

同為鯉形目族群的鰍科，大多被飼養來作為水族箱的清道夫，不過牠們可愛的長相和美麗的顏色，也使得牠們成為水族箱中非常受人喜愛的吉祥物。由於牠們有挖砂的習性，有些並不適合有水草布置的水族箱。

根據飼主的飼養程度而有不同的樂趣

從新手可入門的魚，到飼養越久身體越見光輝的魚，只要飼主按照自己的飼養程度選擇魚種，必定能享受無窮的樂趣。

加彭火焰鯽

Barbus jae

非洲原產的鯉科代表品種，不過進口量不穩定。牠的美不同於亞洲原產鯉科，協調性佳，雖然要注意水質問題，不過飼養上比較簡單。

分布	剛果・喀麥隆	水溫(度)	25
飼料	薄片・顆粒	全長(cm)	4
水質	pH5～6・軟水	對象	中級者～

綠線燈魚

Boraras urophthalmoides

以前包含在「Rasbora（波魚）」屬中，不過近年已經被分類在「Boraras（泰波魚）」屬。對於水質稍微敏感，購入或換水時必須注意，不過性格溫和，容易飼養。

分布	泰國	水溫(度)	25
飼料	薄片・絲蚯蚓	全長(cm)	3
水質	pH6左右・弱軟水	對象	初級者～

閃電斑馬

Brachydanio albolineatus

經常在比較靠近水面處群體行動的魚種。飼養容易，即使是新手，也能用小型水族箱將牠們飼養得很好。隨著成長，身體會擁有珍珠般的光澤，在水草的襯托下顯得非常美麗。

分布	東南亞	水溫(度)	25
飼料	薄片	全長(cm)	6
水質	pH6左右・弱軟水	對象	初級者～

斑馬魚

Brachydanio rerio

性格溫和的小型鯉科魚，廣泛分布在巴基斯坦到緬甸之間。從養殖業者流出去的魚群，有一部分棲息在哥倫比亞。飼養容易，是適合新手入門的魚。

分布	巴基斯坦・印度・緬甸	水溫(度)	25
飼料	薄片	全長(cm)	5
水質	pH6左右・弱軟水	對象	初級者～

豹紋斑馬魚

Brachydanio rerio (frankei)

有人認為是斑馬魚的改良品種，但是並不確定。和斑馬魚一樣容易飼養，小型水族箱就可以將牠養得很好。另外還有長鰭型的。

分布	不明	水溫(度)	25
飼料	薄片	全長(cm)	5
水質	pH6左右・弱軟水	對象	初級者～

藍色霓虹燈

Microrasbora sp. (kubotai)

近年來日本開始進口的小型鯉科魚。身體半透明，成熟後側面會呈現金屬藍的顏色。喜歡比較新鮮的飼養水，水質一旦惡化，大多會生病。

分布	泰國	水溫(度)	25
飼料	薄片・絲蚯蚓	全長(cm)	3
水質	pH5～6・弱軟水	對象	中級者～

側條無鬚魮

Puntius lateristriga

棲息在山間的清流中，就算在像瀑布般水流湍急的地方也能見到其蹤影。體質強健，非常容易飼養。由於牠的游泳能力強又很活潑，最好使用大型水族箱飼養。

分布	馬來西亞・印尼	水溫(度)	25
飼料	薄片・顆粒	全長(cm)	18
水質	pH6左右・弱軟水	對象	初級者～

金條

Puntius sachsi

體質非常強健的品種，即使是新手，使用小型水族箱也能將其飼養得很好。身體側面的黑色斑紋不明顯且沒有規則，所以每條魚之間都有很大的差異。較溫和的品種，和其他小型魚種也能相處得很好。

分布	馬來西亞	水溫(度)	26
飼料	薄片・顆粒	全長(cm)	8
水質	pH6左右・弱軟水	對象	初級者～

虹帶斑馬

Danio choprai

在水族箱內不停地游來游去，讓飼主百看不厭的斑馬魚。擁有漂亮的體色，體質強健，購入後基本上可以立刻餵食。習慣水族箱的環境後，橘紅色會更加鮮豔，變得越發美麗。

分布	東南亞	水溫（度）	25
飼料	薄片	全長（cm）	4
水質	pH6左右・弱軟水	對象	初級者～

鑽石彩虹鯽

Puntius sp.

被認為是改良品種，但是目前尚無定論，英文名「Odessa Barb」的Odessa不確定是來自於人名或是地名。飼養簡單，不過也有脾氣稍微暴躁的一面，不適合和體型比本品種小的小型魚一起飼養。

分布	不明	水溫（度）	25
飼料	薄片・顆粒	全長（cm）	5
水質	pH6左右・弱軟水	對象	初級者～

四間鯽

Puntius tetrazona

非常普遍的熱帶魚。脾氣有點暴躁，不時會戳啄其他的小型魚種，混合飼養時必須注意。飼養容易，水質或飼料都不需要特別費心。

分布	印尼	水溫（度）	25
飼料	薄片	全長（cm）	5
水質	pH6左右・弱軟水	對象	初級者～

綠虎皮魚（綠四間）

Puntius tetrazona var.

四間鯽的改良品種，飼養方式相同。本品種喜歡戳啄有著長魚鰭的魚，所以不適合和孔雀魚或神仙魚等一起飼養。

分布	改良品種	水溫（度）	25
飼料	薄片	全長（cm）	5
水質	pH6左右・弱軟水	對象	初級者～

金四間

Puntius tetrazona var.

四間鯽的改良品種，飼養方式相同。基本上是群體生活，最好飼養多隻。用小型的水族箱就可以飼養得很好，不過會吃柔軟的水草，必須注意。

分布	改良品種	水溫(度)	25
飼料	薄片	全長(cm)	5
水質	pH6左右・弱軟水	對象	初級者～

櫻桃燈

Puntius titteya

在東南亞進行大量養殖的普通品種，而在原產地的斯里蘭卡，卻因為過度捕獲導致數量銳減。飼養簡單，用小型水族箱也能飼養得很好。

分布	斯里蘭卡	水溫(度)	26
飼料	薄片	全長(cm)	4
水質	pH6左右・弱軟水	對象	初級者～

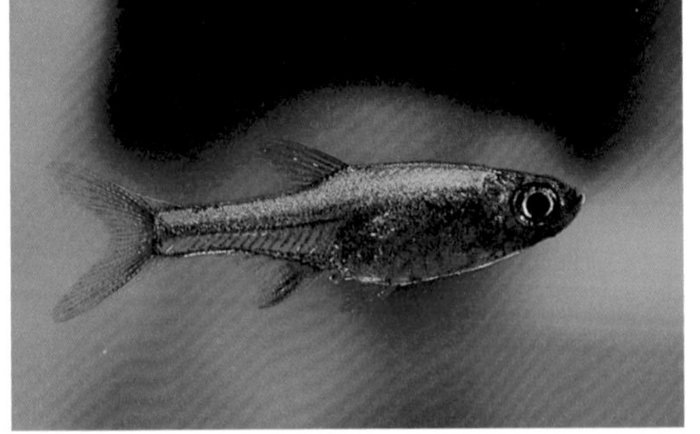

藍鑽石紅蓮燈

Rasbora axelrodi var."BLUE"

鯉科魚類中被歸為超小型的種類，非常漂亮。歐洲也有進行繁殖，並且改良出非常多樣的色彩。對水質敏感，最好飼養在種植大量水草的水族箱中。

分布	改良品種	水溫(度)	25
飼料	薄片・絲蚯蚓	全長(cm)	2
水質	pH5～6・弱軟水	對象	初級者～

紅尾金線燈

Rasbora borapetensis

經常可以看到的普通品種，新手用小型水族箱也可以飼養得很好。喜歡軟水，最好預先準備種植了大量水草的水族箱，並且在一個星期後再將魚放入水族箱中。

分布	馬來西亞	水溫(度)	25
飼料	薄片	全長(cm)	5
水質	pH6左右・軟水	對象	初級者～

青眼燈

Rasbora dorsiocellata

本品種雖然不豔麗，但是在有莖水草造景的水族箱中，卻能被襯托得非常漂亮。進口量多，非常普遍，適合飼養在小型水族箱內，不過對於水質變化也有稍微神經質的一面。

分布	馬來西亞・印尼	水溫（度）	25
飼料	薄片	全長（cm）	4
水質	pH6左右・弱軟水	對象	初級者～

三角燈

Rasbora heteromorpha

也稱為「異形波魚」，是非常普遍的品種。改良品種有「藍色」、「金色」，在歐洲也有人工繁殖。飼養容易，和其他的小型魚也能和睦相處。

分布	泰國・印尼	水溫（度）	25
飼料	薄片	全長（cm）	5
水質	pH6左右・弱軟水	對象	初級者～

金三角燈

Trigonostigma espei

會成群結隊的魚，最好大量飼養。體質強健、個性溫和，和其他的魚可以處得很好。良好的水質環境會讓牠的橘色更加鮮豔，展現出非常美麗的姿態。

分布	東南亞	水溫（度）	25
飼料	薄片	全長（cm）	3.5
水質	pH6左右・弱軟水	對象	初級者～

一線長紅燈（紅線波魚）

Rasbora pauciperforata

在沼澤或池塘等水草茂盛的水邊，結群生活在靠近水面處的品種。身體側面的紅線圖案會受水質的影響。基本上不難飼養，不過水質一旦變化，容易造成其生病。

分布	東南亞	水溫（度）	25
飼料	薄片・顆粒	全長（cm）	8
水質	pH6左右・弱軟水	對象	初級者～

三線波魚

Rasbora trilineata

廣泛分布在湖沼、溼地、大型河川等的普通品種。棲息在流速比較緩和的水面附近。飼養容易，是可以推薦給新手的入門魚。

分布	馬來西亞・印尼	水溫(度)	25
飼料	薄片・顆粒	全長(cm)	13
水質	pH6左右・弱軟水	對象	初級者～

亞洲紅鼻

Sawbwa resplendens

群體生活在水草大量自然生長的清澈水中。雖然體型非常小，不過閃耀著金屬光芒的身體十分漂亮。飼養上不會太困難，不過無法適應水質惡化，必須勤換水。

分布	緬甸	水溫(度)	25
飼料	薄片	全長(cm)	2.5
水質	pH7～8・弱軟水	對象	中級者～

唐魚（白雲山魚）

Tanichthys albonubes

棲息在中國南部的溫帶魚。養殖的個體會從香港和廣州大量進口到日本，不過大多用來作為肉食魚的飼料。對於水溫的變化適應力強，體質強健，容易飼養。

分布	中國	水溫(度)	23
飼料	薄片	全長(cm)	5
水質	pH6左右・弱軟水	對象	初級者～

紅尾黑鯊

Epalzeorhynchos bicolor

本品種只有尾鰭呈現紅色，所有魚鰭都是紅色的品種，稱為「紅鰭鯊」，會在比較低層游動，活潑地尋找食物。兩種的體質都很強健，新手也可以飼養得很好。

分布	泰國	水溫(度)	25
飼料	薄片・顆粒	全長(cm)	15
水質	pH6左右・弱軟水～弱硬水	對象	初級者～

銀鯊

Balantiocheilus melanopterus

可以成長到30cm左右的大型品種，體型和紅尾黑鯊相似，不過本品種大多群體游在比較中層的地方。飼養容易，對於水質變化的適應力也很強。

分布	泰國	水溫（度）	25
飼料	薄片・顆粒	全長（cm）	30
水質	pH6左右・弱軟水～弱硬水	對象	初級者～

麥氏擬腹吸鰍（吸盤鰍）

Pseudogastromyzon myersi

自然環境下，白天大多隱藏在河底的岩石陰暗處。身體必須充分給予動物性飼料，體質算強健，不過表面很怕擦傷。

分布	中國	水溫（度）	25
飼料	碇片・絲蚯蚓	全長（cm）	10
水質	pH6左右・弱軟水	對象	初級者～

黑線飛狐

Crossocheilus siamensis

有吃青苔的特性，是以水草為造景的水族箱中不可欠缺的魚種。經常可以看到牠在水草間游來游去，或是在葉子上面啄食青苔。體質強健，和其他的魚也相處得很好。

分布	泰國・印尼	水溫（度）	25
飼料	薄片	全長（cm）	10
水質	pH6左右・弱軟水	對象	初級者～

胭脂魚

Myxocyprinus asiaticus

已知本品種有兩個亞種，但是不知道進口的是哪一種。屬於體質強健的魚種，用下沉性的錦鯉用飼料也可以飼養得很好。幼魚時期背鰭顯得很長，十分逗趣。

分布	中國	水溫（度）	23
飼料	顆粒	全長（cm）	60
水質	pH6左右・弱軟水	對象	中級者～

三間鼠（皇冠沙鰍）

Botia macracanthus

鰍科魚類中，非常受歡迎的品種，可以長到比較大。飼養並不困難，不過容易罹患白點病，所以水溫必須調高一點。購買回來後，就要使用藥劑先做預防。

分布	印尼	水溫(度)	27
飼料	顆粒・絲蚯蚓・紅蟲	全長(cm)	30
水質	pH6左右・弱軟水	對象	初級者～

馬頭小刺眼鰍

Acanthopsis choirorhynchus

大多棲息在湄公河下游流域的砂底。容易飼養，體質強健，不過有喜歡鑽進砂子的習性，會將水草拔掉，所以水草最好先種在小容器內，再做布置。

分布	印度・東南亞	水溫(度)	26
飼料	顆粒・絲蚯蚓・紅蟲	全長(cm)	25
水質	pH6左右・弱軟水	對象	初級者～

黃尾弓箭鼠

Botia morleti

因為背部中央縱走的黑線，所以有「skunk botia」的英文名稱。非常普遍的品種，經常可以在水族店內看到，也很容易飼養。像本品種一樣活潑的鰍科魚類，都需要絲蚯蚓之類的動物性飼料。

分布	泰國	水溫(度)	26
飼料	顆粒・絲蚯蚓・紅蟲	全長(cm)	10
水質	pH6左右・弱軟水	對象	初級者～

蛇魚（庫勒潘鰍）

Pangio kuhlii

基本上屬於夜行性魚種，即使飼養在水族箱中，也少有機會看到牠游泳的樣子。體質非常強健，對於水質有很好的適應能力，容易飼養。

分布	馬來西亞	水溫(度)	26
飼料	薄片・絲蚯蚓	全長(cm)	10
水質	pH6左右・弱軟水	對象	初級者～

鯰科的族群

雖然都是鯰科的魚，不過牠們的外觀卻是差別很大。
據說，鯰科的魚種類超過數千種，
生態和繁殖行為都非常獨特，單獨飼養的人不少。

鬍鬚是魅力點 水族箱中的吉祥物

說到鯰科的魚，你的腦中可能會浮現出暗褐色、單調、沒有變化的樣子，實際上，分布在全世界，據說有數千種之多的鯰科魚類，不論是體色或圖案、體型等，都是極富多樣性的。

雖然牠們是被進口用來作為觀賞魚，不過，還是有很多人把小型的異型魚當作是水族箱中的清道夫來飼養。品種超過兩百種的鼠魚，或是身體表面有美麗圖案的異型魚等，許多都極具特色，所以有不少只飼養鯰科魚類的愛好者。

飼養牠們並不困難，只要做好基本的管理就足夠了，不過必須慎選底砂，以免傷到魅力所在的鬍鬚。

鯰科魚類中還有身體透明見骨、充滿神祕感的玻璃貓魚，以及稱為發電魚的電鯰等，都具有獨特特色，能深深吸引人，讓人再度感受到鯰科魚類的豐富性。

最值得特別一提的，是紅尾鴨嘴和月光鴨嘴等超過1m的大型鯰魚。

鯰科魚類的稚魚雖然很小，不過成長極快，幾乎可以看到整個成長過程。而且表情可愛、與人親近，就像狗和貓一樣，因此有不少人把牠們當作寵物飼養。

飼養大型鯰魚時，由於牠們體型大，力量也大，具有破壞力，很可能把精心布置的造景破壞殆盡，或是撞裂水族箱玻璃，因此必須選擇堅固的水族箱。

尋找適合水族箱的鯰科魚隻

如果是為了清除青苔，可以從種類眾多的鯰科魚類中，找出適合家中水族箱的品種。

闊嘴長鬚銀藍鴨嘴

Brachyplatystoma sp.

習慣水族箱的環境後，飼養上比較容易，也能餵食錠片型人工飼料。性格溫和，不過突然受到驚嚇會亂動，像是用頭激烈撞擊水族箱，必須特別注意。

分布	巴西・秘魯	水溫(度)	25
飼料	金魚・鰷魚	全長(cm)	40
水質	pH6左右・弱軟水	對象	中級者～

月光鴨嘴

Brachyplatystoma flavicans

全身散發著具金屬光澤的金黃香檳色，是非常美麗的品種。神經質，受到驚嚇時可能會用力地衝撞水族箱，即使身長不超過20cm，最好也用寬度超過90cm的水族箱飼養。

分布	巴西	水溫(度)	24
飼料	金魚・鰷魚	全長(cm)	100
水質	pH6左右・弱軟水	對象	中級者～

747鴨嘴

Goslinia platynema

喜歡清澈水流的鯰魚，飼養時必須準備有強力循環的幫浦和大型的過濾器。本品種的鬍鬚長且呈扁平狀，非常有特色。比較容易消瘦，不容易養肥，因此必須注意餵食飼料的量。

分布	亞馬遜河	水溫(度)	23
飼料	金魚・鰷魚	全長(cm)	100
水質	pH6左右・弱軟水	對象	高級者

大帆鴨嘴

Leiarius pictus

個性比較溫和，比較容易飼養的大型鯰魚之一。可以和其他大型鯰魚或慈鯛一起飼養，不過魚食性較強，所以不能和體長不及牠一半的魚種混合飼養。

分布	秘魯	水溫(度)	25
飼料	金魚・鰷魚・紅蟲	全長(cm)	60
水質	pH6左右・弱軟水	對象	初級者～

斑馬鴨嘴

Merodontotus tigrinus

在大型鯰魚中，非常受歡迎，也是深受魚迷垂涎的魚種之一。棲息在流速湍急的溪流，因此必須特別注意水溫的急速上升和水質惡化。想要飼養，大型水族箱和能充分過濾的過濾設備是不可欠缺的。

分布	秘魯	水溫(度)	24
飼料	金魚・鰷魚	全長(cm)	90
水質	pH6左右・弱軟水	對象	高級者

紅尾鴨嘴

Phractocephalus hemioliopterus

大型鯰魚的代表品種，會依季節，整批進口5cm左右的幼魚到日本。新手經常會因為牠可愛的樣子而購買，不過牠會長大到超過1m，飼養上必須要有心理準備。

分布	巴西	水溫(度)	25
飼料	金魚・鰷魚	全長(cm)	120
水質	pH6左右・弱軟水	對象	初級者～

鐵甲武士

Pseudodoras niger

在身體側面有棘刺的鱗片並排成列的大型鯰魚。飼養容易、性格溫和，和其他魚種也能和睦相處，推薦給想要飼養大型鯰魚的新手。

分布	巴西	水溫(度)	25
飼料	金魚・鰷魚・紅蟲	全長(cm)	80
水質	pH6左右・弱軟水	對象	初級者～

長鬚闊嘴鯨

Pseudopimelodus fowleri

經常躲在岩石陰暗處，等待小魚靠近。比較無法適應水質的變化，買回家時必須特別注意，不過一旦熟悉水質環境後，飼養起來就容易多了。

分布	秘魯	水溫(度)	25
飼料	金魚・鰷魚	全長(cm)	50
水質	pH6左右・弱軟水	對象	中級者～

虎皮鴨嘴

Pseudoplatystoma fasciatum

體型和黑白鴨嘴相似，不過是底棲性且更大型。近年來也有進口和紅尾鴨嘴進行人工交配的品種。

分布	巴西	水溫(度)	25
飼料	金魚・鱂魚	全長(cm)	100
水質	pH6左右・弱軟水	對象	初級者～

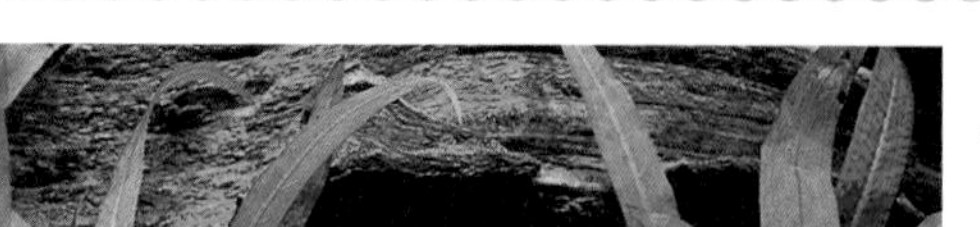

黑白鴨嘴

Sorubim lima

比較經常游泳的大型鯰魚。大多在10cm左右的時候進口，能經常在水族店內看到。幼魚期必須餵食紅蟲或鱂魚，並注意不要讓牠變瘦。

分布	巴西	水溫(度)	25
飼料	金魚・鱂魚	全長(cm)	60
水質	pH6左右・弱軟水	對象	初級者～

成吉思汗

Pangasius sanitwongsei

最大可以達到300cm（293kg）的大型鯰魚。捕食浮游生物和底棲生物。性格溫和，不過需要準備相當大型的水族箱。

分布	湄公河・昭披耶河	水溫(度)	25
飼料	顆粒・鱂魚	全長(cm)	100～
水質	pH6左右・弱軟水	對象	初級者～

泰國鯰

Pangasius sutchi

喜歡游來游去的鯰魚，進口的大多是養殖的個體，白化的也不少，全都容易飼養，就算是新手也沒有問題。只是必須事先考慮到牠成長後，體型會變大這個問題。

分布	泰國	水溫(度)	25
飼料	金魚・鱂魚・紅蟲	全長(cm)	60
水質	pH6左右・弱軟水	對象	初級者～

五弦琴貓

Bunocephalus coracoideus

體型和弦樂器的五弦琴相似，因而得名。會經常進口一定的數量，飼養上也不需要什麼技術，不過很怕擦傷，購買時要特別留意。

分布	巴西・厄瓜多爾	水溫(度)	25
飼料	紅蟲・鰷魚	全長(cm)	15
水質	pH6左右・弱軟水	對象	中級者～

阿諾小精靈

Otocinclus arnoldi

經常吃青苔的小型鯰魚，是有名的水族箱清道夫，不過清潔能力普通，無法將青苔吃得一乾二淨，但能清除附著在水草上的青苔。

分布	巴西	水溫(度)	25
飼料	碇片	全長(cm)	5
水質	pH6左右・弱軟水	對象	初級者～

豹貓（平口油鯰）

Pimelodus pictus

晃動著長長的鬍鬚，經常在水族箱內游來游去的小型鯰魚。體質強健，不難飼養，不過也容易因為水溫的變化而罹患白點病，必須注意。

分布	哥倫比亞	水溫(度)	25
飼料	顆粒・絲蚯蚓・紅蟲	全長(cm)	13
水質	pH6左右・弱軟水	對象	初級者～

黑武士貓（亞馬遜河蟾鯰）

Batrochoglanis raninus

身上有蜜蜂般黃色與黑色帶狀條紋的中型鯰魚。飼養容易，用小型水族箱就可以飼養得很好，不過如果水質急速變化很容易引起白點病，必須注意。

分布	巴西	水溫(度)	25
飼料	鰷魚・絲蚯蚓・紅蟲	全長(cm)	20
水質	pH6左右・弱軟水	對象	中級者～

電鯰

Malapterurus electricus

以會發電聞名的鯰魚。實際照顧時必須注意，不要被電到。基本上體質強健，容易飼養，不過很怕擦傷，所以移動時必須使用網目較細的撈網。

分布	剛果	水溫（度）	26
飼料	金魚・鱂魚・紅蟲	全長（cm）	30
水質	pH6左右・弱軟水	對象	初級者～

白金豹皮

Synodontis multipunctatus

歧鬚鮠屬的一種，生活在pH值和硬度都比較高的水質中。可以和棲息在相同水質中的慈鯛一起飼養。體質強健，飼養簡單，但最好使用過濾能力比較強的過濾裝置。

分布	坦尚尼亞	水溫（度）	26
飼料	顆粒・絲蚯蚓・紅蟲	全長（cm）	20
水質	pH7～8・弱硬水	對象	初級者～

倒吊鼠

Synodontis nigriventris

非洲具代表性的鯰魚，以腹部朝上的姿態游泳而廣為人知。體質強健，會吃人工飼料，用小型水族箱就可以飼養得很好，是適合新手飼養的鯰魚。

分布	薩伊	水溫（度）	25
飼料	顆粒・絲蚯蚓・紅蟲	全長（cm）	7
水質	pH6左右・弱軟水	對象	初級者～

喬氏海鯰

Arius jordani

分布在半淡鹹水域的鯰魚，比較喜歡游來游去。體質非常強健，不挑食物，容易飼養，但最好飼養在加了三分之一海水的水中。

分布	印尼	水溫（度）	25
飼料	顆粒・絲蚯蚓・紅蟲	全長（cm）	25
水質	pH6左右・弱硬水	對象	中級者～

枯葉推土機

Chaca bankanensis

完全底棲性的鯰魚，通常躲在陰暗處。基本上體質強健，飼養上並不困難，不過動作緩慢，所以和中型慈鯛等一起飼養時，很容易被戳啄。

分布	印尼	水溫(度)	25
飼料	金魚・鰷魚	全長(㎝)	20
水質	pH5～6・弱軟水	對象	中級者～

玻璃貓

Kryptopterus bicirrhis

原產於東南亞的小型鯰魚，為日本大量進口的普通魚種。飼養簡單，喜歡群體游泳、生活，最好多隻一起飼養。飼養雖然簡單，不過卻很難適應水質的惡化。

分布	印尼・泰國	水溫(度)	25
飼料	薄片	全長(㎝)	10
水質	pH6左右・弱軟水	對象	初級者～

三線豹鼠

Corydoras trillineatus

市面上以「茱莉豹鼠」名稱販售的，幾乎都是三線豹鼠，但和真正的茱莉豹鼠是不同品種。不管是野生還是養殖，日本都有大量進口，價格上幾乎沒有差別。飼養並不困難。

分布	秘魯	水溫(度)	23
飼料	顆粒・絲蚯蚓	全長(㎝)	4
水質	pH6左右・弱軟水	對象	初級者～

白鼠

Corydoras aeneus var.

將咖啡鼠魚白化突變種固定下來的品種。在東南亞等地被大量養殖，看到的機會很多。和正常品種一樣，體質強健、容易飼養，繁殖也很容易。

分布	改良品種	水溫(度)	25
飼料	顆粒・絲蚯蚓	全長(㎝)	6
水質	pH6左右・弱軟水	對象	初級者～

超級印地安鼠

Corydoras cf: arcuatus

從秘魯進口的野生品種。繁殖容易，可以在水族箱內進行繁殖，不過野生的鼠魚類基本上都不耐高溫，夏天時必須注意水溫上升的問題。

分布	秘魯	水溫(度)	23
飼料	顆粒・絲蚯蚓	全長(㎝)	6
水質	pH6左右・弱軟水	對象	初級者～

太空飛鼠

Corydoras barbatus

體形細長。由於行動比較活潑，很有可能將水草拔掉，因此必須把水草種植牢固。不耐高水溫，最好用稍微大型的水族箱飼養。

分布	巴西	水溫(度)	23
飼料	顆粒・絲蚯蚓	全長(㎝)	12
水質	pH6左右・弱軟水	對象	中級者～

黑翅豹鼠

Corydoras melanistius

全身細緻的斑點和魚鰓後半部分的金屬光澤非常漂亮；在大量皇冠屬水草造景的水族箱中，會被襯映得十分美麗，以及展現出牠的優雅。飼養容易，但必須注意高水溫。

分布	蓋亞那	水溫(度)	23
飼料	顆粒・絲蚯蚓	全長(㎝)	5
水質	pH6左右・弱軟水	對象	初級者～

弓箭鼠

Corydoras metae

身體稍微帶有弧度，呈黃色。市面上販售的是野生品種，對鹽分和藥劑都不太能適應，所以必須注意溫度和水質的突然變化，以及預防疾病的發生。

分布	哥倫比亞	水溫(度)	23
飼料	顆粒・絲蚯蚓	全長(㎝)	6
水質	pH6左右・弱軟水	對象	初級者～

花鼠

Corydoras paleatus

非常普通的鼠魚，也經常以「花椒鼠」的名稱被販賣。成魚比較容易分辨雌雄，雄魚的魚鰭比雌魚稍大，體型也較細長。

分布	巴西
飼料	顆粒・絲蚯蚓
水質	pH6左右・弱軟水
水溫(度)	25
全長(cm)	4
對象	初級者～

熊貓鼠

Corydoras panda

目前日本大量進口的，都是東南亞養殖的，許多水族店都有販售。養殖的比較容易飼養，但是也容易變瘦，最好適時餵食絲蚯蚓。

分布	秘魯
飼料	顆粒・絲蚯蚓
水質	pH6左右・弱軟水
水溫(度)	23
全長(cm)	5
對象	初級者～

金翅珍珠鼠

Corydoras sterbai

市面上大多是養殖的個體，價格也一般。飼養雖然容易，不過鼠魚類大多生活在清澈的水流中，因此必須保持水質的新鮮。

分布	巴西
飼料	顆粒・絲蚯蚓
水質	pH6左右・弱軟水
水溫(度)	23
全長(cm)	6
對象	初級者～

皇冠琵琶異型

Glyptoperichthys gibbiceps

在東南亞地區普遍進行人工養殖，是日本國內最暢銷的異型魚之一。體質非常強健，容易飼養，不過牠會長得非常的大，所以無法使用小型水族箱做長時間的飼養。

分布	巴西	水溫(度)	26
飼料	碇片	全長(cm)	50
水質	pH6左右・弱軟水	對象	初級者～

黃翅黃珍珠異型

Loricariidae sp.

目前市面上只有販賣野生品種。魚鰭邊緣的黃色部分和鑲滿全身的斑點，看起來十分優雅，因而深受喜愛。飼養容易，但必須注意水質的惡化。

分布	秘魯	水溫(度)	24
飼料	碇片	全長(cm)	20
水質	pH6左右・弱軟水	對象	中級者～

國王迷宮異型

Loricariidae sp.

容易飼養的小型異型魚，不過日本進口的量不是很穩定。身體表面滿布蔓草圖案，非常受人喜愛。每隻魚的圖案都不太相同。

分布	巴西	水溫(度)	24
飼料	碇片	全長(cm)	12
水質	pH6左右・弱軟水	對象	初級者～

哥倫比亞白金皇冠豹

Panaque nigrolineatus

頭部比身體大上一圈、身高有一定高度的「巴拉圭鯰屬（Panaque）」族群的代表種。每一隻的色彩都不太一樣，依照條紋圖案的斷續程度稱為「half spot」或「full spot」。

分布	哥倫比亞	水溫(度)	25
飼料	碇片	全長(cm)	30
水質	pH6左右・弱軟水	對象	中級者～

星冠達摩異型

Parancistrus sp.

因為不明顯的帶狀圖案和布滿全身的細點而得名，是非常普遍的異型魚。體質強健，容易飼養，對於水質也不會太敏感，是適合新手飼養的品種。

分布	巴西	水溫(度)	25
飼料	碇片	全長(cm)	15
水質	pH6左右・弱軟水	對象	初級者～

花面老虎異型

Peckoltia vermiculata

歸類在「梳鈎鯰屬」。飼養容易，不過如果變瘦，就很難養回到原本的肥美狀態。購買時最好注意一下腹部，不要買瘦到腹部凹扁的魚。

分布	巴西	水溫(度)	24
飼料	碇片	全長(cm)	10
水質	pH6左右・弱軟水	對象	中級者～

噴點紅劍尾坦克

Pseudacanthicus sp.

具厚重感的異型魚，深受大型魚魚迷的喜愛。一般都認為異型魚會吃沉木，飼養上暫時不會有什麼問題，但最好還是充分給予專用人工飼料，以保持營養均衡。

分布	巴西	水溫(度)	25
飼料	碇片	全長(cm)	30
水質	pH6左右・弱軟水	對象	中級者～

雪花小鬍子

Ancistrus sp.

這是東南亞養殖的大鬍子異型魚幼魚的總稱，特色在鼻端的鬍子。也有人工交配的個體，長大後的體型大小視其原本的品種和魚隻個體而異。

分布	東南亞養殖	水溫(度)	25
飼料	碇片	全長(cm)	不明
水質	pH6左右・弱軟水	對象	初級者～

古代魚的族群

古代魚類優游的姿態，總是讓人不由自主地被牠們吸引。
那令人會聯想到太古時代的容貌和風格，
擄獲了許多水族迷的心，極度受人喜愛。

光是眺望那充滿活力的姿態，就令人心情暢快

古代魚類分布在世界各地，有活化石之稱。牠們大多數會成長到比較大型，需要隨著成長而調整飼養設備，再加上價格都比較高，不容易入手，所以不是任何人都能夠飼養的。

然而，那悠然的泳姿以及深具特色的容貌，確實令人印象深刻。儘管沒有熱帶魚般的鮮豔色彩，但那源自太古時期的個性與樣貌，有別於一般觀賞魚的魅力。因此能夠在自己家中飼養古代魚，可以說是水族迷的醍醐味吧！

古代魚中最受歡迎的龍魚類，長大後身長可達1m，因而有不少人會將牠們當寵物來飼養。牠們的稚魚大約只有5cm左右，不過成長快速的話，一年就可以長到50cm。每天觀察牠們的成長情況，也是飼養的樂趣之一呢！

一般人容易有大型魚不好飼養的觀念，其實大型魚有不少體質都很強健，只要有大型水族箱和相對應的環境，確實做好日常管理，就不會那麼難飼養。

飼養古代魚的訣竅，在於重現這些魚類的生活環境。大部分的古代魚都生活在特殊的環境中，因此做好事先調查工作就十分的重要。

此外，其中也有像亞洲龍魚之類受到華盛頓公約保護的品種。

想要飼養古代魚，就一定要有所覺悟和記住：牠們的數量已經非常稀少，必須非常細心的照料。

注意不要讓魚變瘦

魚食性的魚一旦變瘦，大多必須花費很長的時間才能恢復原狀。飼養重點是給予營養價值高的飼料，並且隨時觀察情況。

超級紅龍（亞洲）

Scleropages formosus

被稱為辣椒紅龍或血紅龍的亞洲龍魚的總稱。有一些個體的體型比較優美、鼻尖上揚，也稱之為湯匙頭（spoon head）。

分布	東南亞	水溫(度)	26
飼料	金魚・蟋蟀・蜈蚣	全長(cm)	90
水質	pH6左右・弱軟水	對象	高級者

馬來西亞金龍（亞洲）

Scleropages formosus

這是包含在華盛頓公約附錄2類中的亞洲龍魚的變異種。由馬來西亞進口的過背金龍的總稱，但會依照顏色和繁殖業者不同，而做更進一步的細分。

分布	東南亞	水溫(度)	26
飼料	金魚・蟋蟀・蜈蚣	全長(cm)	90
水質	pH6左右・弱軟水	對象	高級者

印尼金龍（亞洲）

Scleropages formosus

從印尼進口的金龍的總稱，主要是指紅尾金龍。稱為金龍的族群，身長比較長，有厚重感。飼養容易，但是必須注意水質的變化。

分布	東南亞	水溫(度)	26
飼料	金魚・蟋蟀・蜈蚣	全長(cm)	90
水質	pH6左右・弱軟水	對象	高級者

珍珠龍魚（澳洲）

Scleropages jardini

和亞洲龍魚同屬，以昆蟲和小魚為主食。澳洲當地稱為「bony tongue」，日本通稱為「 Barramundi 」（「 Barramundi 」本來是指日本尖吻鱸魚類）。飼養上比較容易。

分布	巴布亞新幾內亞	水溫(度)	25
飼料	紅蟲・金魚・蟋蟀	全長(cm)	90
水質	pH6左右・弱軟水	對象	初級者～

黑帶（美洲）

Osteoglossum ferreirai

孵化後的幼魚期間，身體大部分是黑色的，但是隨著成長，會漸漸呈藍白色。飼養容易，不過面對同種魚，脾氣會顯得暴躁。在日本，幼魚通常在12月到2月間整批進口。

分布	巴西	水溫(度)	25
飼料	紅蟲・金魚・蟋蟀	全長(cm)	100
水質	pH6左右・弱軟水	對象	中級者～

銀帶（美洲）

Osteoglossum bicirrhosum

廣泛分布在南美北部的本品種，在當地作為食用魚或休閒垂釣的對象，需求量高。對低氧環境的適應力強，容易飼養。

分布	亞馬遜河	水溫(度)	25
飼料	紅蟲・金魚・蟋蟀	全長(cm)	120
水質	pH6左右・弱軟水	對象	初級者～

古代蝴蝶

Pantodon buchholzi

屬於骨舌魚目族群的本品種，擁有大大的胸鰭，但無法像飛魚般飛行，僅能跳躍。飼養時，水族箱的上方不能有空隙。

分布	奈及利亞	水溫(度)	25
飼料	紅蟲・蟋蟀	全長(cm)	10
水質	pH6左右・弱軟水	對象	初級者～

大花恐龍

Polypterus ornatipinnis

是喜歡較高水溫的品種，最好以28度左右的水溫飼養，特色是有細緻的花紋。市面上販售的大多是6～10cm左右的幼魚，體質強健，容易飼養。

分布	剛果・喀麥隆	水溫(度)	28
飼料	紅蟲・金魚	全長(cm)	60
水質	pH6左右・弱軟水	對象	初級者～

虎斑恐龍王

Polypterus endlicheri endlicheri

恐龍魚的代表品種，體型比大花恐龍扁平。在自然環境下，喜歡吃螺類或甲殼類；飼養在水族箱時，可以餵食活餌。

分布	蘇丹
飼料	金魚・鱂魚
水質	pH6左右・弱軟水
水溫(度)	25
全長(cm)	75
對象	中級者～

維多利亞肺魚

Protopterus aethiopicus aethiopicus

肺魚。飼養方法和芝麻肺魚相同，不過本品種的體型比較大。會作繭，用皮膚呼吸，就算在乾季也能夠存活。小於30cm的幼魚最好餵食昆蟲。

分布	尼羅河流域的湖泊
飼料	紅蟲・金魚
水質	pH6左右・弱軟水
水溫(度)	25
全長(cm)	200
對象	中級者～

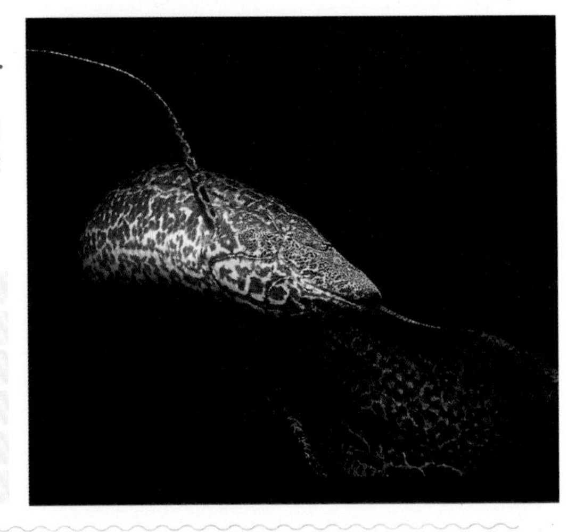

芝麻肺魚

Protopterus dolloi

肺魚。這種魚的特色是在乾季產卵，雄魚為了守護魚卵，不會在繭中休眠。飼養容易，不過長大後，下顎的力量非常強，最好不要徒手進行各項作業。

分布	剛果
飼料	紅蟲・金魚
水質	pH6左右・弱軟水
水溫(度)	25
全長(cm)	130
對象	中級者～

象魚（巨骨舌魚）

Arapaima gigas

淡水魚中最大的品種之一，最重超過200kg。被列在華盛頓公約附錄2類中，野生的個體數量劇減，不過當地已經進行人工繁殖。不適合飼養在水族箱裡面。

分布	巴西
飼料	金魚
水質	pH6左右・弱軟水
水溫(度)	25
全長(cm)	450
對象	中級者～

皇冠飛刀

Chitala blanci

幼魚時期，身上有小小的黑點花紋，不過成長後，身體的後半部漸漸變成蔓草圖案。基本上屬於夜行性的魚食性魚，能和其他大型魚種相處融洽，飼養容易。

分布	泰國・柬埔寨
飼料	金魚・鱂魚
水質	pH6左右・弱軟水
水溫(度)	25
全長(cm)	120
對象	初級者～

象鼻魚

Gnathonemus petersii

擁有可發出100～2500Hz電力的器官，用來在夜間進行捕食。同魚種彼此間的攻擊性非常強，但是看到活潑游動的魚卻會變得膽小，不適合混合飼養。

分布	奈及利亞
飼料	絲蚯蚓・紅蟲
水質	pH6左右・弱軟水
水溫(度)	25
全長(cm)	35
對象	中級者～

金點魟

Potamotrygon henlei

金點魟和黑白魟極為相似，不過金點魟的白點連身體的邊緣都有，可以用此做區別。屬於純淡水的魟魚，對於水質變化十分敏感，購買或換水時必須非常注意。

分布	亞馬遜河
飼料	紅蟲・金魚・蝦子
水質	pH6左右・弱軟水
水溫（度）	25
全長（cm）	70
對象	高級者

珍珠魟

Potamotrygon motoro

依不同的產地而有多種顏色變化，其中以哥倫比亞原產的最漂亮。在純淡水的魟魚中，本品種進貨是穩定的，為飼養魟魚的入門魚。購買時需注意身體表面有沒有受傷。

分布	南美北部
飼料	紅蟲・金魚・蝦子
水質	pH6左右・弱軟水
水溫（度）	25
全長（cm）	40
對象	中級者～

弓鰭魚

Amia calva

幼魚時期不耐高水溫，也容易變瘦，飼養時注意，必須使用觀賞魚用的散熱器。成魚後體質變得強健，即使在水流停滯或高水溫的環境中，也能藉由呼吸空氣生存。

分布	北美北部
飼料	金魚・鱂魚・顆粒
水質	pH6左右・弱軟水
水溫（度）	15～20
全長（cm）	50
對象	高級者

其他的魚

彩虹魚類棲息在新幾內亞等諸島。
起源於海水的這些魚類，
具有獨特的魅力，深深吸引著許多人。

如海水魚一樣
鮮豔的彩虹魚

彩虹魚美麗的色彩和海水魚相似，經常被人拿來和半淡鹹水魚混為一談。

因為和其他的熱帶魚不同，加上在自然界中逐漸演變而來的習性和樣貌，讓大家對牠們有與眾不同的特殊印象，因而往往令新手敬而遠之。

其實，這些魚大部分都是純淡水魚，只要做好水質管理，即使是新手也能夠安心地飼養。

彩虹魚分為兩個種類，主要為棲息在淡水附近水域的半淡鹹水魚，以及原本就是海水魚的魚。

因此，原本是海水魚的彩虹魚，當水質的鹽分濃度接近海水時，大多數都會呈現出漂亮的顏色。當然，如果是棲息在淡水中的魚，就沒有這個必要了，所以購買時，一定要向店家詢問清楚。

大部分的彩虹魚都是性格比較溫和的品種，只要是淡水魚，就可以混合飼養。

此外，牠們產卵和繁殖也比較簡單，等到熟練飼養方法後，不妨向繁殖挑戰吧！

蝦子和貝類屬於雜食性，會吃魚類不吃的，像是青苔，是水族箱內「努力工作的清潔工」，也是混合飼養時不可欠缺的。

這樣既不會影響熱帶魚的飼養，又可作為觀賞用，賞心悅目，可說是一石二鳥！

不過，也有些貝類會吃水草，最好不要跟草質柔嫩的水草放在一起飼養。

確認水質和棲息地

不同的彩虹魚，喜歡的水質也不同。購買的時候一定要確認水質和棲息地，並做好相對應的管理。

燕子美人

Iriatherina werneri

本品種棲息在低地沼澤或河川淤水處，飼養在水族箱內同樣也不喜歡強力的水流。雄魚各部位的魚鰭都很長，所以很容易分辨雌雄，可以繁殖。

分布	巴布亞新幾內亞	水溫(度)	25
飼料	薄片・絲蚯蚓	全長(cm)	3
水質	pH7～8・弱硬水	對象	初級者～

石美人

Melanotaenia boesemani

比較大型，身高較高的彩虹魚。成熟後，橘色會變深，更增添份量感。體質強健，能順應水質，容易飼養。

分布	印尼	水溫(度)	25
飼料	薄片・絲蚯蚓	全長(cm)	9
水質	pH7～9・弱硬水	對象	初級者～

火焰變色龍

Dario Dario

無法適應水流，最好飼養在水草茂盛的水族箱中。等雄魚的體色變成紅色，與雌魚配成對後，只要加入漂浮植物讓水族箱內變得微暗，大多就會開始繁殖了。

分布	印度・不丹	水溫(度)	22
飼料	薄片・ブラインシュリンプ	全長(cm)	2
水質	pH7左右、軟水	對象	中級者～

電光美人

Melanotaenia praecox

雄魚的臀鰭、尾鰭、背鰭都會染上紅色，可以很容易分辨出雌雄，也能在水族箱內繁殖。在日本，雖然是近年來才開始進口，不過現在已經非常普遍。飼養容易，不需要特別費心。

分布	巴布亞新幾內亞	水溫(度)	25
飼料	薄片・絲蚯蚓	全長(cm)	5
水質	pH6左右・弱軟水～弱硬水	對象	初級者～

珍珠燕子

Pseudomugil gertrudae

小型的彩虹魚，因為擁有大大的胸鰭而得名。在此族群中，算是比較喜歡中性軟水的魚，可以和一般的熱帶魚混合飼養。

分布	巴布亞新幾內亞	水溫(度)	25
飼料	薄片・絲蚯蚓	全長(cm)	3
水質	pH6左右・弱軟水～弱硬水	對象	初級者～

七彩霓虹

Telmatherina ladigesi

特色是透明身體上的藍色線條。在水族箱內也能容易繁殖。喜歡pH值稍高的水質，不過仍能靈活地順應水質的變化，可以和其他的魚混合飼養。

分布	印尼	水溫(度)	25
飼料	薄片・絲蚯蚓	全長(cm)	8
水質	pH7～8・弱硬水	對象	初級者～

金娃娃

Tetraodon fluviatilis

棲息在淡水到半淡鹹水的河魨代表。飼養容易，性格有些暴躁，會戳啄包含同類在內的其他魚類。和其他的河魨一樣有毒，不過不影響飼養。

分布	東南亞	水溫(度)	25
飼料	顆粒・紅蟲	全長(cm)	15
水質	pH7～8・弱硬水	對象	初級者～

巧克力娃娃

Carinotetraodon travancoricus

棲息在純淡水的極小型河魨。最近比較多店家販賣，已經變得普遍。不過在產地的部分地區，野生個體數量減少到令人擔心。飼養容易，喜歡新鮮的飼養水。

分布	印度	水溫(度)	25
飼料	顆粒・紅蟲	全長(cm)	3
水質	pH6左右・弱軟水～弱硬水	對象	初級者～

金鼓（金錢魚）

Scatophagus argus

大多棲息在紅樹林茂盛的河口地區。飼養在水族箱內時，最好加鹽，使比重為海水的三分之一左右。體質強健，容易飼養，不過要注意：牠的背鰭、腹鰭和臀鰭有毒。

分布	印度・東南亞	水溫(度)	26
飼料	顆粒・紅蟲	全長(cm)	38
水質	pH7～8・弱硬水	對象	初級者～

七彩玻璃魚

Chanda baculis

有時會被店家當作半淡鹹水魚販賣，其實是純淡水魚。身體的輪廓有被注入色素，經長期飼養後，會因為代謝而褪色。容易飼養，喜歡新鮮的飼養水。

分布	印度	水溫(度)	25
飼料	顆粒・紅蟲	全長(cm)	5
水質	pH6～7・弱硬水	對象	初級者～

彈塗魚

Periophthalmus vulgaris

飼養的重點是必須重現海灘的環境。腹鰭合成吸盤狀，可能會攀爬上水族箱的玻璃，必須注意。記得也要餵食植物性的飼料。

分布	印度・東南亞	水溫(度)	25
飼料	薄片・絲蚯蚓	全長(cm)	15
水質	pH7～8・弱硬水	對象	中級者～

銀水針

Dermogenys pusillus var.

棲息在純淡水的河川或湖沼的針魚類。卵胎生，可以在水族箱內繁殖。身體表面帶著金色是因為有細菌共生。性格溫和，可以和其他的魚混合飼養。

分布	馬來西亞・印尼	水溫(度)	25
飼料	紅蟲	全長(cm)	7
水質	pH7～8・弱硬水	對象	初級者～

射水魚

Toxotes jaculatrix

以「高射炮魚」聞名的本品種，大多棲息在半淡鹹水域紅樹林茂盛的地方。最常吃的是昆蟲，不過也會吃小魚，所以混合飼養時必須注意。體質非常強健，容易飼養。

分布	印度・東南亞	水溫(度)	26
飼料	顆粒・紅蟲	全長(㎝)	30
水質	pH7～8・弱硬水	對象	初級者～

泰國虎

Coius microlepis

非常受歡迎的大型魚。因為進口量不穩定，想要購買稍有困難，不過本品種的近親有好幾種，都是比較常見的。體質強健的魚，飼養簡單。

分布	泰國	水溫(度)	25
飼料	金魚・鱂魚	全長(㎝)	50
水質	pH6左右・弱軟水	對象	中級者～

枯葉魚

Monocirrhus polyacanthus

以將自己擬態成枯葉來捕食小魚而聞名。飼養在水族箱中同樣不太活潑，大多隱藏在陰暗處。喜歡軟水，不太能適應水質的變化，購入時必須注意水質的調整。

分布	南美北部	水溫(度)	25
飼料	鱂魚	全長(㎝)	8
水質	pH6左右・軟水	對象	中級者～

七彩塘鱧

Tateurundina ocellicauda

棲息在熱帶雨林中的小河或沼澤的小型尖頭塘鱧同類。在自然環境下，會形成小規模的群體在河底游動。可以和其他的魚種混合飼養，飼養也很容易。

分布	巴布亞新幾內亞	水溫(度)	24
飼料	顆粒・紅蟲	全長(㎝)	7
水質	pH6左右・弱軟水～弱硬水	對象	初級者～

小蜜蜂蝦虎

Brachygobius doriae

棲息在半淡鹹水域的小型蝦虎魚。有像蜜蜂般的可愛模樣。地盤意識強烈，對於同品種具有攻擊性。飼養容易，但飼養水最好有四分之一比重的海水。

分布	馬來西亞・印尼	水溫（度）	25
飼料	紅蟲	全長（cm）	4
水質	pH7～8・弱軟水	對象	初級者～

河三鰭鰨

Trinectes fluviatilis

棲息在淡水到海水域的小型鰈魚同類，進口量比較多，容易飼養。不會對其他魚類發動攻擊，卻可能遭到神仙魚的戳啄。

分布	秘魯	水溫（度）	25左右
飼料	絲蚯蚓・紅蟲	全長（cm）	5
水質	pH6～8・弱軟水～弱硬水	對象	初級者～

蜜蜂蝦

Caridina sp.

從香港大量進口的小型蝦，長得像蜜蜂。近年市面上常見的品種為透明和黑色條紋的，一般認為和以前大量流通的品種不同。飼養十分簡單，繁殖也很容易。

分布	中國	水溫（度）	25
飼料	薄片	全長（cm）	2
水質	pH6左右・弱軟水～弱硬水	對象	初級者～

紅白水晶蝦

Caridina sp.

在僅僅2cm的身體上，有著紅白鮮明圖案的可愛品種，很受人喜愛。蜜蜂蝦的改良品種，對水質的變化很敏感，想要飼養得好，必須注意水質的管理。

分布	改良品種	水溫（度）	25
飼料	薄片	全長（cm）	2
水質	pH6.5左右・弱軟水～弱硬水	對象	高級者

大和沼蝦

Caridina japonica

喜歡吃青苔，大多是為了清潔水族箱內的青苔而飼養。必須降海繁殖，所以繁殖上非常困難，不過只要注意水質變化，不難飼養。

分布	日本	水溫(度)	25
飼料	薄片	全長(cm)	5
水質	pH6左右・弱軟水	對象	初級者～

蘇拉維西白襪蝦

Caridina dennerli

只有第一、第二胸腳是白色的，在水族箱中忙碌地動來動去，非常有趣。可以用水草和沉木造景，享受只飼養蝦子的樂趣；也可以和性格溫和，約3cm大的熱帶魚一起飼養。

分布	印尼	水溫(度)	25
飼料	薄片	全長(cm)	2
水質	pH7.4～8.5・弱軟水	對象	高級者

石蜑螺

Clithon retropictus

清除青苔的螺貝，非常受歡迎。在含有少許鹽分的水中飼養，除了會變得更健康，還會活潑地活動。雖然會啃食柔軟的水草，不過也很會吃青苔，達到清潔的目的。

分布	日本	水溫(度)	24
飼料	薄片	全長(cm)	2
水質	pH6左右・弱軟水～弱硬水	對象	初級者～

小皇冠蜑螺

Clithon corona

棲息在半淡鹹水海域的小型螺貝類，在淡水中也可以飼養。大多飼養來作為清除青苔用。市面上還有販售名為「豆石蜑螺」的品種。

分布	西太平洋的熱帶半淡鹹水域	水溫(度)	23左右
飼料	薄片	全長(cm)	3
水質	pH6～8・弱軟水～弱硬水	對象	初級者～

水草

造景水族箱中不能欠缺的素材。
最近，以水草作為主角的造景深受歡迎。
了解各種水草的生態和特性，就可以做更有效的運用。

從豐富的種類中 挑選出自己喜愛的水草

水草的種類繁多，顏色和形狀等也極富變化。因此，想要實現打造自己理想中的水族箱造景，就必須了解它們的生態和特性，才能有效地運用。

水草主要分成有莖和成株叢生型。

有莖型是指葉子長在莖上的水草，可以把莖剪短後用於前景，也可以利用它茂盛的姿態作為後景。能夠被多樣利用，正是它們的魅力所在。

不過，有莖水草通常長得比較快，只要稍微疏於管理，水族箱就會給人一種荒蕪的印象，因此必須定期整理與修剪。

叢生型是指像菠菜般成株狀的水草，大多是從根部呈放射狀生長的種類，只要有效地運用在造景上，就可以打造出極具特色的水族箱。

此外，水族箱內若裝飾有沉木，將水草或苔蘚類附生在上面，可能會使同水族箱的風格產生改變。

要將水草養得肥美，必須要有促進光合作用的照明以及二氧化碳套組設備。還有，水族箱底砂中的養分不足，因此施肥工作也很重要。其實，只要備有齊全的基本器具，再加上勤於定期整理，種植水草並不會太困難。

不妨尋找出喜愛的水草，打造一個自己理想中的水族箱吧！

如何延遲 青苔的發生

青苔發生的原因，大多是因為水中的營養過剩，只要勤於換水、不過量施肥，就可以延緩青苔的生長。

從世界地圖看不同地區的水草原產地

現在，水草已經是水族箱中不可或缺的角色，運用得宜，可以大大影響水族箱給人的印象。不同的水草，種植的難易度也不同，這和它們的棲息地水質有關係。在清流下生長的水草，無法適應水質惡化，容易枯萎。但也有些強健的水草，即使水質管理稍有疏忽，也能不斷茁壯生長。

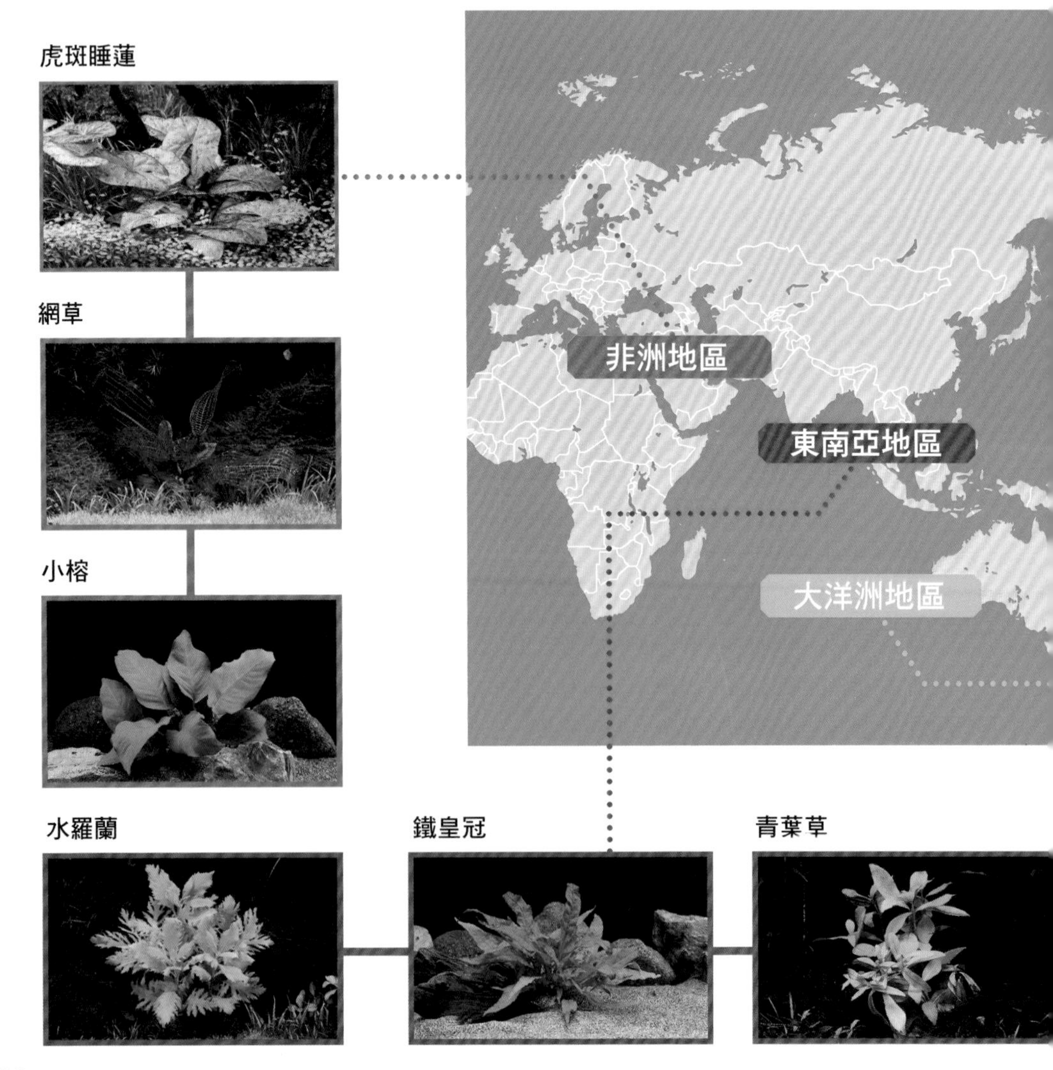

水蘊草

小紅莓

綠菊

香菇草

亞馬遜劍草

北美・中美洲地區

綠雪花羽毛

南美洲地區

香蕉草

綠宮廷

矮珍珠

簣藻

小對葉（假馬齒莧）

Bacopa monnieri

大量自然生長在北美的水草，也被作為藥草使用。不需要特別給予肥料。比較能耐鹽分的強健水草，新手也很容易栽培。

形狀	有莖型	分布	廣域分布種		
光量	稍強	pH	6～8	CO_2	不要
水溫（度）	20～25	對象	初級者～		

綠菊

Cabomba caroliniana

已經歸化日本的水草，日本稱為「羽衣藻」。經常被栽培來作為金魚用的水草，也可以作為產卵床使用，是非常普遍的水草。新手也能輕鬆栽培。

形狀	有莖型	分布	北美		
光量	普通	pH	6左右	CO_2	不要
水溫（度）	18～25	對象	初級者～		

水蘊草

Egeria densa

販賣來作為金魚用的水草，強健並且普遍。栽培容易，不過可能會長到超過1m，需要勤於修剪。

形狀	有莖型	分布	北美		
光量	普通	pH	5～8	CO_2	不要
水溫（度）	15～23	對象	初級者～		

珍珠草

Hemianthus micranthemoides

美麗又細密的葉子是珍珠草的特色，栽培上比較有難度，必須使用土狀的植物培育用底砂，並勤於修剪，以控制生長的密度。

形狀	有莖型	分布	北中美		
光量	稍強	pH	6左右	CO_2	必要
水溫（度）	20～25	對象	中級者～		

小柳

Hygrophila corymbosa var. angustifolia

每一節莖上面各有兩片細長的大葉。另外也有莖節上長了三片葉子的變種，對新手來說，兩者都很容易栽培。

形狀	有莖型	分布	東南亞		
光量	普通	pH	5～8	CO_2	需要
水溫（度）	25左右	對象	初級者～		

水羅蘭

Hygrophila difformis

生長速度非常快，栽培也很容易。但是長大後，葉子會變得很大，而顯得過度密集。種植時，最好間隔3cm以上。

形狀	有莖型	分布	東南亞		
光量	普通	pH	5～8	CO_2	不要
水溫（度）	25左右	對象	初級者～		

青葉草

Hygrophila polysperma

在寵物水族店等常有機會看到的普通水草，不需要特別的栽培技巧，適合新手。不過照明如果不足，葉子可能會長得歪歪扭扭。

形狀	有莖型	分布	東南亞		
光量	普通	pH	6左右	CO_2	不要
水溫（度）	20～25	對象	初級者～		

紅絲青葉草

Hygrophila polysperma var. rosanervis

青葉草的改良品種，嫩芽呈紅色，顯得非常美麗。栽培方法和青葉草一樣，不需特別的技巧，即使是新手都可以輕鬆栽培。

形狀	有莖型	分布	東南亞		
光量	普通	pH	6左右	CO_2	不要
水溫（度）	20～25	對象	初級者～		

寶塔草

Limnophila sessiliflora

葉子和綠菊相似，不過本品種整體上更有份量感。栽培容易，但如果長得太密集，根部可能會腐爛。

形狀	有莖型	分布	東南亞		
光量	稍強	pH	6左右	CO_2	需要
水溫（度）	25左右	對象	初級者～		

小紅莓

Ludwigia arcuata

形狀	有莖型	分布	北美		
光量	強	pH	6左右	CO_2	必要
水溫（度）	20～25	對象	初級者～		

喜歡弱軟水的水草，容易栽培，適合新手。需要強烈的照明，如果照明不夠，葉子和葉子的間隔就會變大，顯得不夠美觀。

大紅葉

Ludwigia glandulosa

本品種的特色就是紅色葉子會長的稍微歪歪扭扭。當照明不足時，葉子可能轉變成淡綠色。因此必須添加CO_2，並且最好給予少許的低床肥料。

形狀	有莖型	分布	東南亞		
光量	稍強	pH	6左右	CO_2	必要
水溫（度）	25左右	對象	中級者～		

大珍珠草

Micranthemum umbrosum

形狀	有莖型	分布	北中美		
光量	稍強	pH	5～8	CO_2	必要
水溫（度）	25左右	對象	中級者～		

往水平方向擴展的走莖水草，在幫水族箱造景時非常好用。不需要特別施肥，但添加CO_2可以讓葉子長得更漂亮。

綠雪花羽毛

Myriophyllum mattogrossense var."green"

原種的葉子呈淡紅色，但本品種是純綠色。不難栽培，在大磯砂上也可以種植得很好，不過莖容易折斷，種植時必須注意。

形狀	有莖型	分布	南美		
光量	普通	pH	6左右	CO_2	需要
水溫(度)	25左右	對象	初級者～		

紅蝴蝶

Rotala macrandra

形狀	有莖型	分布	印度		
光量	強	pH	6左右	CO_2	必要
水溫(度)	20～25	對象	高級者		

也稱為「Red leaf bacopa」，非常美麗，不過比較難栽種，一定要添加CO_2、種植時保持 2 cm以上的間隔。

綠宮廷

Rotala rotundifolia var."green"

形狀	有莖型	分布	東南亞		
光量	普通	pH	6左右	CO_2	不要
水溫(度)	20～25	對象	初級者～		

葉子原本帶有紅色，經改良後變成純綠色的品種。植株強健，新手也可以種得很好，不過如果照明太弱，可能無法從水上葉順利轉換成水中葉。

南美小百葉

Rotala sp."ARAGUAIA"

形狀	有莖型	分布	南美		
光量	稍強	pH	6左右	CO_2	必要
水溫(度)	20～25	對象	中級者～		

在Rotala屬的水草中很受歡迎的品種，但是流通量並不多。茂密、細長的葉子是它的魅力所在，如果要維持美觀，一定要添加CO_2，也必須加強照明。

小榕

Anubias barteri var. nana

非常受人喜愛，流通量也大的品種。最好將它附生在沉木或岩石上，店家也會以這樣的狀態販售。因為生長較慢，葉子上可能會長青苔，必須注意。

形狀	叢生型	分布	喀麥隆		
光量	普通	pH	5～8	CO_2	不要
水溫(度)	25左右	對象	初級者～		

皇冠草

Echinodorus amazonicus

齒果澤瀉屬中最普遍的水草。店家販賣的大多是水上葉，種在水族箱後可能會一度枯萎，但大部分正常的情況下，都會再長出水中葉的新芽。

形狀	叢生型	分布	巴西		
光量	普通	pH	6左右	CO_2	需要
水溫(度)	25左右	對象	初級者～		

九官

Echinodorus martii

栽培方法可以比照皇冠草，只是本品種的每一株都會長得很大，葉長超過30cm，因此最好在深度超過45cm的水族箱內種植。

形狀	叢生型	分布	巴西		
光量	普通	pH	6左右	CO_2	需要
水溫(度)	20～25	對象	初級者～		

簀藻

Blyxa novoguineensis

如果施予液態肥料，葉子上可能會長青苔，所以施加少量的低床肥料會比較好。添加CO_2可以使它長得漂亮。這種草不會長得太高大，可以用來作為中景水草。

形狀	無莖型	分布	巴布亞新幾內亞		
光量	強	pH	7左右	CO_2	必要
水溫(度)	18～25	對象	中級者～		

綠溫蒂椒草

Cryptocoryne wendtii var. "green"

比較小型的水草，在小型水族箱裡面也可以種得很好。不太需要CO_2，適合新手栽培。除了本品種，還有名為「棕溫蒂椒草」、「闊葉紅溫蒂椒草」的改良品種。

形狀	叢生型	分布	斯里蘭卡		
光量	普通	pH	5～8	CO_2	不要
水溫（度）	25左右	對象	初級者～		

網草

Aponogeton madagascariensis

能長出大片蕾絲狀葉子的品種，擁有獨特的魅力。可能以球根的狀態販賣，但是成長後會超乎想像的高大，種植時最好和其他的水草保持一些距離。

形狀	叢生型	分布	馬達加斯加		
光量	普通	pH	6左右	CO_2	必要
水溫（度）	20～25	對象	中級者～		

美國扭蘭

Vallisneria americana

非常強健，容易種植，也能適應低水溫，適合置入飼養金魚的水族箱內。不過生長速度快，可能覆蓋住水面，必須經常修剪。

形狀	叢生型	分布	亞洲		
光量	普通	pH	5～8	CO_2	不要
水溫（度）	18～25	對象	初級者～		

小水蘭

Vallisneria spiralis

只要環境適合，生長就非常快速，藉著走莖，很容易增加植株。不需要使用特別的技巧和器具，就可以長得很好，只有修剪上比較有難度。

形狀	叢生型	分布	亞洲		
光量	普通	pH	5～8	CO_2	不要
水溫（度）	18～25	對象	初級者～		

香菇草

Hydrocotyle verticillata

矮小可愛的水草，卻需要強烈的照明和CO_2。最好施加底床肥料，用量大概為規定的一半，因為如果過量，可能會使水草枯萎。

形狀	其他	分布	北美		
光量	強	pH	6左右	CO_2	必要
水溫（度）	10～25	對象	中級者～		

牛毛氈

Eleocharis acicularis

不會長得太高大，是非常受歡迎的前景草。種植時需要耐性，但開始生長後，便會長出走莖，增加植株。還有，種在鹿角苔中，可以輕易培育。

形狀	其他	分布	廣域分布種		
光量	稍強	pH	6左右	CO_2	必要
水溫（度）	18～25	對象	初級者～		

矮珍珠

Glossostigma elatinoides

通常不會長超過5cm，大多作為前景用，但是栽培上非常困難，必須保持強烈的照明和添加CO_2。

形狀	其他	分布	紐西蘭		
光量	強	pH	6左右	CO_2	必要
水溫（度）	20～25	對象	高級者		

小草皮

Lilaeopsis novaezelandiae

葉子的形狀帶有弧度。生長緩慢，不太會往外擴展，用在中景草效果很好。生長緩慢的水草種好後，最好不要再移植。

形狀	其他	分布	紐西蘭		
光量	稍強	pH	6左右	CO_2	必要
水溫（度）	18～25	對象	中級者～		

鐵皇冠

Microsorium pteropus

在被稱為「Water Fun」的水生蕨類中，屬於比較能適應水質變化的品種。稍微不耐高水溫，不過新手仍能輕鬆栽培。店家通常將其附生在沉木或岩石上販售。

形狀	其他	分布	東南亞		
光量	普通	pH	6左右	CO_2	不要
水溫(度)	20～25	對象	初級者～		

美國水蕨

Ceratopteris thalictroides

生長非常快速，不需要添加CO_2，是新手也能輕易栽培的品種。水中葉比水上葉的分枝更細，呈現漂亮的淡綠色。

形狀	其他	分布	廣域分布種		
光量	普通	pH	6左右	CO_2	不要
水溫(度)	25左右	對象	初級者～		

鹿角鐵皇冠

Microsorium pteropus var. "windelov"

鐵皇冠的改良品種，栽培方法和鐵皇冠相同。分枝較細，末端的葉子最具特色，非常美麗。在水族店內販售的，通常是柔軟的淡綠色水中葉。

形狀	其他	分布	改良品種		
光量	普通	pH	6左右	CO_2	不要
水溫(度)	20～25	對象	初級者～		

虎斑睡蓮

Nymphaea lotus

屬於熱帶睡蓮，細心栽培和施肥後，葉子甚至可長到20cm高。過度生長的葉子雖然會妨礙其他水草的生長，不過用在造景上，卻非常具有存在感。

形狀	其他	分布	非洲熱帶地區		
光量	強	pH	6左右	CO_2	必要
水溫(度)	18～25	對象	中級者～		

香蕉草

Nymphoides aquatica

擁有可克服嚴苛環境的殖芽，也因其形狀，才有香蕉草這個俗名，一般認為它具有毒性，不能食用。只要照明強烈，新手也可以很輕鬆栽培。

形狀	其他	分布	北中南美		
光量	稍強	pH	6左右	CO_2	需要
水溫（度）	18～25	對象	初級者～		

鱗葉苔

Taxipyllum sp.

附生在沉木或岩石等上面，可以擴大水族箱造景的範圍。光照充足，深綠色的葉子就會延伸生長，反之，就會變成暗綠色。最好使用液態肥料。

形狀	苔蘚型	分布	亞洲		
光量	稍強	pH	6左右	CO_2	必要
水溫（度）	20～25	對象	初級者～		

南美莫絲

Vesicularia amphibola

會逐漸生長成三角形的美麗水生苔蘚類。必須添加CO_2和使用液態肥料，才會長得漂亮。此外，照明也必須強一點。種植在玻璃容器中，可以充分享受觀賞的樂趣。

形狀	苔蘚型	分布	巴西		
光量	稍強	pH	6左右	CO_2	必要
水溫（度）	20～25	對象	中級者～		

鹿角苔

Riccia fluitans

本來是浮在水面上的植物，如果想種在水中，就必須使用紗網強制地讓它下沉。需要強烈的照明和CO_2，栽種初期養在水面上會比較輕鬆。

形狀	苔蘚型	分布	廣域分布種		
光量	強	pH	6左右	CO_2	必要
水溫（度）	18～25	對象	中級者～		

Chapter

[第3章]

熱帶魚和器具的挑選方法

想要體驗水族生活，
第一要件就是挑選健康的熱帶魚和適合的水族箱設備。
在此為你介紹正確的挑選方法和檢查重點。

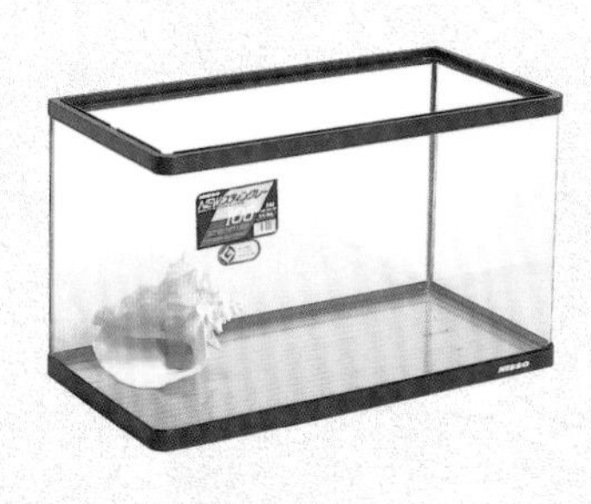

挑選熱帶魚的方法

水族生活從收集情報開始

乍看似乎不難的熱帶魚世界，其實有很多必須知道的資訊，例如：水族箱和使用器具，還有魚隻的數量以及性格等等。擁有豐富的基本知識，才有愉快的水族生活！

明確知道自己想要一個怎樣的水族箱

首要的重點，是從一開始就明確知道自己飼養熱帶魚的目的。是「想要布置水草和沉木，將魚當作風景的一部分」？「想要享受繁殖的樂趣」？或是「想要養養龍魚」等等？有了明確的目的，想要飼養什麼魚也就會漸漸清晰。為了避免飼養到中途後悔，還是先弄清楚自己的想法吧！

其次是水量（水族箱的大小）和魚隻數量、水質的問題。這三者間如果沒有取得平衡，不管購買多麼昂貴的設備，都無法成功地飼養熱帶魚。因此，請事先弄清楚心中所想，和飼養熱帶魚的環境是否能夠達成一致。如果結論是「即使在這樣的環境也是不能夠飼養」，就必須放棄。因為畢竟是飼養生物，絕對不能勉強和隨便。

經常走訪水族店觀察魚的情況

新手想要度過美好的水族生活，關鍵在於能不能找到對器具、魚隻和飼養方法都具備專業知識，以及願意給予中肯建議的店家。如果周遭有水族愛好者可以請教，當然是最好的。如果沒有，不妨多走幾家專業雜誌上介紹的水族店，尋找一間店內氣氛、員工應對、商品齊全等都能讓你感到安心、滿意，可以長期打交道的店家。

還有，也不要忘了觀察自己想要飼養的魚。觀察的重點有四項：①游泳方式、②身體表面和魚鰭、③眼睛和魚鰓、④體態。只要仔細觀察，應該就能找出充滿活力的魚。

不能購買的熱帶魚是……

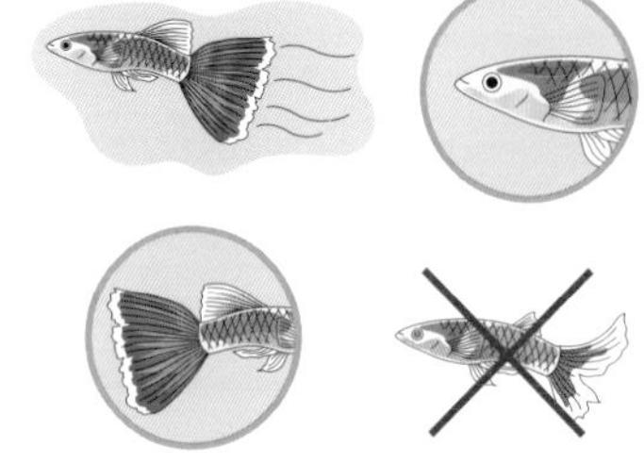

- 無法平靜、自在地游泳。
- 在水面張大嘴巴呼吸。
- 動作遲鈍，跟不上群體活動。
- 背部和腹部明顯消瘦。
- 腹部極端鼓脹。
- 用不自然的姿勢游泳。
- 待在不自然的場所。
- 剛進貨不久的。

這些狀態的魚，大多在某部分有異常。只是，不同種類的魚，觀察的重點也不相同，所以平常就要多多觀察想要飼養的魚，培養自己的眼光。

各個種類熱帶魚的選擇方法

鱂科的魚
卵胎生的鱂科魚類體質比較強健，適合剛入門的新手。如果成對飼養，交配後就能不斷地進行繁殖，享受繁殖的樂趣，這也是它的魅力所在。以孔雀魚來說，如果你希望比較容易飼養，建議你購買國產的，會比外國產的好飼養。還有，剛進口的鱂科魚類，有些會因為疲勞或水質的變化而身體衰弱，最好盡量挑選魚鰭能完全伸展、活潑游動的個體。

脂鯉科的魚
這類的魚，群泳時會更添美感，建議一次購買大約五到十隻狀態良好的回家飼養。不過，日光燈和紅蓮燈不太能適應水質變化，有些在剛進口不久後，身體會變差，所以購買時，一定要跟店員確認清楚狀況。

慈鯛科的魚
可能出現長年持續繁殖而導致體型異常的狀況，所以盡量選擇體型完美的魚。另外，有些魚在水族店的水族箱內會因為打架而有受傷，購買時，一定要非常仔細地檢查身體表面是否有異常。

攀鱸科的魚
繁殖行為非常獨特的魚類，最好成對飼養，才能享受繁殖的樂趣。飼養數量則需視水族箱的大小而定，例如：飼養珍珠馬甲，雌雄混養可以飼養十隻左右。如果是鬥魚，因為雄魚彼此間會打鬥，就只能單獨飼養一隻雄魚。要是想要配對，可以買好幾隻雌魚，分別和雄魚相處，再選出最合適的一起飼養。

鯉科・鰍科的魚
最好一次購買約十五到二十隻年輕、狀態良好的魚。另外，波魚屬和小鲃屬的魚容易罹患白點病，買的時候一定要仔細檢察身體表面。鰍類喜歡鑽入砂中，因此很多身上都會有擦傷，而容易引起二度感染，必須十分留意。

鯰科的魚
鯰科的魚生病時，很難用藥物治療，最好不要跟店家買剛進貨的。如果不清楚，可以請教店員。異型魚就算身體偏瘦，也大多很難發現，但是肚子過度凹陷的，最好還是避免購買。如果想享受繁殖老鼠魚的樂趣，可以購買五到十隻雌魚和雄魚，並以專用的水族箱飼養。

古代魚
就算幼魚時體型很小，通常也都會長得很大，購買時，一定要先想到牠們長大後的樣子。基本上大多是野生的，有些還可能感染了寄生蟲，必須非常注意身體表面是否有異常。生長速度快的魚，一年就能長到50cm，可以觀察到牠們的成長過程。

其他的魚
大多是生活在特殊環境中的魚種，一定要先調查清楚該品種的資訊後再考慮購買。購買時，最好詳細詢問店員關於水質和水溫的問題，至於魚隻，一開始還是請店員幫忙挑選吧！

STAGE 2

適合混養的熱帶魚

了解每隻魚的特性，享受混合飼養的樂趣

確定了想要打造的水族箱是什麼樣子後，接下來就是選擇飼養的魚。如果只飼養單一種類的魚，就沒有什麼問題；如果想要混合飼養幾種不同的魚，就必須考慮怎麼組合。

想要混合飼養時，
最重要的是了解每一種魚的特性

一旦開始飼養熱帶魚，大概都會想嘗試看看各種不同種類的魚吧！

只是，雖然全都叫作熱帶魚，性格卻是千變萬化，例如：有性格溫和的魚，也有攻擊性強的魚。

當然，應該不會有人考慮將肉食性的魚和小型魚一起飼養吧！

又例如：鬥魚類的魚，對其他種類的魚不理不睬，但是對同種同性的魚卻具有攻擊性，也就是說，即使是大小、性格相似的魚，也可能不適合飼養在同一個水族箱裡面，這點必須注意。

還有，神仙魚雖列入想要混養魚隻的首選，但因體型會隨著成長而變大，所以即使是幼魚，要和小型魚組合在一起，還是必須多加考慮。

就算是新手，也會想試著將五顏六色的熱帶魚混養在一起，這點並不稀奇。

熱帶魚混合飼養時的組合

	孔雀魚	藍眼燈	日光燈	神仙魚	七彩神仙魚	七彩鳳凰	三角燈	四間鯽	電光麗麗	花鼠	皇冠琵琶異型	玻璃貓	虎皮鴨嘴	電光美人	銀帶
孔雀魚	◎														
藍眼燈	◎	◎													
日光燈	◎	◎	◎												
神仙魚	△	×	△	○											
七彩神仙魚	△	×	△	○	○										
七彩鳳凰	△	△	△	○	△	○									
三角燈	○	◎	◎	△	△	○	◎								
四間鯽	×	○	◎	×	△	○	◎	◎							
電光麗麗	○	○	○	○	○	○	◎	△	◎						
花鼠	◎	◎	◎	◎	◎	◎	◎	○	◎	◎					
皇冠琵琶異型	○	○	○	○	△	○	○	○	○	△	◎				
玻璃貓	◎	○	○	△	△	○	○	△	○	◎	○	◎			
虎皮鴨嘴	×	×	×	×	△	×	×	×	×	×	×	×	○		
電光美人	○	○	○	△	△	○	○	○	○	○	○	○	×	◎	
銀帶	×	×	×	×	△	×	×	×	×	×	△	×	○	×	×

※以上為大致標準。實際飼養狀況會受到魚隻的成長過程影響，詳細情況最好還是跟水族店確認清楚。

預防困擾發生，可以先請教水族店店家的意見

形形色色的熱帶魚之中，有：肉食性的魚、具攻擊性的魚、會吃魚鱗的魚、會戳啄魚鰭的魚等。混合飼養的時候，必須考慮牠們彼此之間的關係。如果同時想要享受種植水草的樂趣，還必須將魚隻是否為草食性列入考慮。

此外，魚隻喜愛的環境也是決定能否混合飼養的因素之一，所以在購買前，一定要向店家詢問清楚。

不過，就算事前做了萬全的準備，有時還是會有不如人意的情況發生。這時，不妨另外準備一個備用水族箱，給被嚴重追趕的魚或是已經受傷的魚避難用。

適合混合飼養的魚

體型大小相似是混養的標準

一般來說，想要一起飼養的魚，最好選體型大小相近的，不要將體型相差太大的混合飼養。另外，也有一些小型魚具有攻擊性、有些大型魚性格溫和，混養前，都必須清楚和注意。

例如：水族店內經常都可以看到的日光燈、滿魚、孔雀魚等一般的魚種，大多是適合混合飼養的魚。

辨識是否適合混合飼養的基本標準在於魚的食性。

吃浮游生物的魚種，經常會群體移動捕食，沒有特定地盤，適合混合飼養。會吃人工薄片飼料的魚種也都屬於這一類。

草食性、魚食性的魚，或是沉在水族箱底部攝食的魚，地盤意識強烈，基本上不適合混養。不過，每種魚都有各自的特性，有任何不了解，最好請教店員。

脾氣暴躁的魚不適合混養

鯉科魚類中，小型的魚大部分都性格溫和，適合混養。但必須注意的是，其中也不乏有許多好奇心旺盛、會對其他魚隻造成危害的魚。

也有不少慈鯛科的魚缺少協調性，讓水族老手也照樣苦惱該怎麼將牠們組合在一起。如果想要混合飼養，最好向水族店詢問清楚後再購買，比較沒有問題。

攀鱸科中有像鬥魚那樣喜歡打鬥、會攻擊同種魚隻的魚，也有像巧克力麗麗那樣性格過度膽小的魚，非常獨特。

小型的彩虹魚類，只要水質適合，大多適合混合飼養，值得推薦。

會幫忙清潔水族箱的生物

開始飼養熱帶魚之後，最讓人頭痛的就是青苔的問題。可以延緩青苔生長的代表有：小精靈、大和沼蝦、石蜑螺。小精靈、石蜑螺會吃掉附著在水族箱玻璃面上的青苔；大和沼蝦會吃附在岩石或沉木上的絲狀青苔。

牠們的性格都很溫和，很少會對其他的魚或水草造成危害。

如果是種植許多水草的60cm水族箱，大致上可以放入五到十隻的小精靈、十隻左右的大和沼蝦。石蜑螺放入三個就夠了。要注意的是，牠們都會成為大型魚的食物，因此只能放在飼養小型魚種的水族箱中。還有，牠們也無法幫忙將所有的青苔吃光，所以還是要定期清潔水族箱。

◆阿諾小精靈

◆大和沼蝦

適合初級者的混養參考

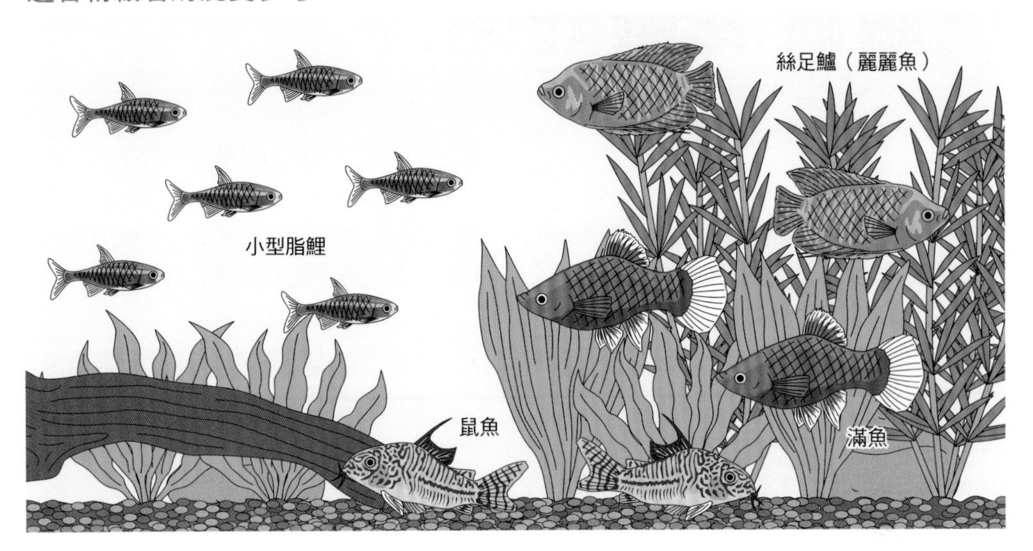

●各科魚類的特點

鱂科	孔雀魚類、滿魚類、 劍尾魚類、藍眼燈	孔雀魚和滿魚類雖然可以適合混合飼養，不過有時會戳啄帆鰭花鱂等小型魚種。
脂鯉科	日光燈、檸檬燈、企鵝燈、 玻璃彩旗、尖嘴鉛筆魚	小型的脂鯉大多擁有協調性，不過大型的則有許多是魚食性，必須注意。
攀鱸科	電光麗麗、大理石萬隆、 三線叩叩魚、巧克力麗麗	基本上屬於容易混合飼養的魚類，但因為雜食性強，1～2cm的魚可能會被牠吃掉。
慈鯛科	神仙魚、菠蘿魚、 七彩鳳凰、斑馬雀	不少都擁有地盤意識，很難混合飼養。如果想要混養，必須在大型水族箱中設置許多可以避難用的隱蔽處。
鯉科・鰍科	閃電斑馬、櫻桃燈、三角燈	大多協調性佳，但也有像四間鯽一樣會咬其他魚隻魚鰭或是攻擊性強的，要特別注意。
鯰科	小精靈、斑馬異型、 花鼠、白鼠	鼠魚和小型的異型魚比較容易混養；中、大型的鯰魚中有很多是魚食性的，很難混合飼養。
其他的魚	燕子美人、電光美人、 七彩玻璃魚、小蜜蜂蝦虎	大多數都具有獨特的性格。對於想要飼養的品種，最好調查清楚魚種性格和適合的水質後再購買。

不適合混養的魚

有許多種類的熱帶魚都不適合混養

熱帶魚的色彩和姿態充滿魅力。但是新手一不注意，就會以外觀為優先，隨意混養各種魚隻，造成無法挽回的情況，必須非常注意。基本上，魚食性的魚和大型魚，還有會戳啄其他熱帶魚等會施加危害的魚，都不適合混合飼養。

講到肉食性魚，大家最先想到的應該都是脂鯉科的紅腹食人魚。牠能適應吃人工飼料，所以不難飼養，但是牠也會吃掉其他的魚，而且長大後可達30cm左右，因此無法混合飼養。還有，紅目燈會咬魚鰭或是吃掉水草，有興趣混養長魚鰭的魚和種植水草的人，最好不要飼養紅目燈。

另外，有些魚經常會吃其他魚的魚鱗，或是擁有特殊的生態和特色，這些都是必須注意的。

避免混合飼養的魚

理由		魚的種類
具有捕食性	具有捕食性的魚種，很難和體型比牠們小的魚種混養。此外，雜食性的魚種中也有會把魚吃掉的，必須注意。	紅尾鴨嘴、紅腹食人魚、枯葉魚、幽靈鱷魚火箭、紅豬、皇冠三間
喜歡打鬥	基本上，具有地盤意識的品種都很好鬥。鬥爭的對象依照不同的占領目的而異。例如：以繁殖為目的的鬥魚，大多只將同種雄魚視為彼此打鬥的對象；雜食性的慈鯛，占領地盤是為了確保食物，因此所有的魚都有可能是牠的鬥爭對象。	鬥魚、花羅漢、珍珠豹、阿里、皇冠六間、象鼻魚
其他	有些魚的食性非常獨特，例如：哥倫比亞白金皇冠豹，因為喜歡舔食其他魚隻身體表面，很難混合飼養。小型的魚種中，也有像四間鯽一樣好奇心旺盛、會啄咬其他魚隻魚鰭的魚。棲息在淡水中的魟魚等，因為動作緩慢，可能會遭到其他魚隻的戳咬。飼養前，必須充分了解魚種的特性。	哥倫比亞白金皇冠豹、庫勒潘鰍、珍珠魟、金點魟

將不適合混養的熱帶魚放在一起飼養，會有什麼結果？

①會咬魚鰭和尾巴
②動作緩慢的魚會被戳咬

具有攻擊性的魚很難混合飼養

即使是小型的鯉科魚類，也必須注意有像四間鯽之類，好奇心旺盛、喜歡招惹其他魚隻的魚。

慈鯛科的魚類，整體來說大多欠缺協調性，如果想要混合飼養，最好經過考慮後再決定。

可愛而受人喜愛的紅豬和皇冠三間，成魚大約可以長到30cm，想要混合飼養，一定要非常注意這一點。

除了鼠魚和異型魚，中、大型鯰科的魚幾乎都是魚食性的，因此除了跟體型相似的魚食性魚一起混養，很難和其他的魚混合飼養。還有，小型的鯰科魚類中，也有脾氣暴躁的，必須多注意。

水族箱和器具的選購方法

水族生活從挑選優質器具開始

有句話說「養魚就是養水」，可見水質的管理對於飼養熱帶魚非常重要。因此挑選水族箱和周邊器具就是一門學問了。想要打造出理想中的水族箱，就必須先挑選出適當的飼養器具。

水族箱

一開始的時候最重要，盡量選擇符合使用目的的水族箱

說水族箱是決定水族生活最為重要的器具，絕非言過其實，畢竟它是被放在房屋裡面，而且每天都會看到的。只要經濟和空間許可，盡量選擇比較有品質的吧！

水族箱有玻璃、壓克力、塑膠等三種材質。玻璃是目前最普遍的，因為價格便宜又不容易刮傷，適合新手使用。

壓克力的好處是比玻璃更容易加工，以及可以訂製自己想要的形狀和大小。雖然透明度比玻璃高，但是材質柔軟，而且比較容易刮傷。

使用聚氯乙烯系的透明樹脂製成的小型塑膠水族箱，最大只能到50cm。它的透明度差也容易刮傷，並不適合作為觀賞用。不過當作備用容器，在魚隻生病的時候用來治療、繁殖時用來產卵，或是遭到其他魚隻攻擊導致身體疲弱時的暫時避難所，卻是非常好用的。

30cm的玻璃水族箱推薦給新手使用

如果只考慮水質管理的問題，水量越多，水質相對就越穩定，養起魚來也會比較輕鬆。但是，大型水族箱不僅有空間和經濟的問題，換水和日常維護也很辛苦。

為了讓新手能輕鬆地進行各項作業，購買水族箱的尺寸上必須考慮到兩點：①未裝任何東西的狀態下，可以獨自搬動、②設置完成的狀態下，手可以觸及水族箱內的任何地方。依據這樣的考量，水族箱基本上最大不能超過90cm。還有，水族箱越大，價格也越貴。因此，在衡量成本效益和水質的管理下，60cm的玻璃水族箱，應該可以說是最值得推薦給新手的！

水族箱的尺寸和重量的關係

水族箱尺寸（mm）	水容量(ℓ)	總重量(kg)
359×220×262	20	21
450×295×300	35	36
600×295×360	57	60
600×450×450	105	110
900×450×450	157	167
1200×450×480	220	235
1200×450×600	345	375

※水族箱的尺寸為長×寬×高

十件基本水族用品

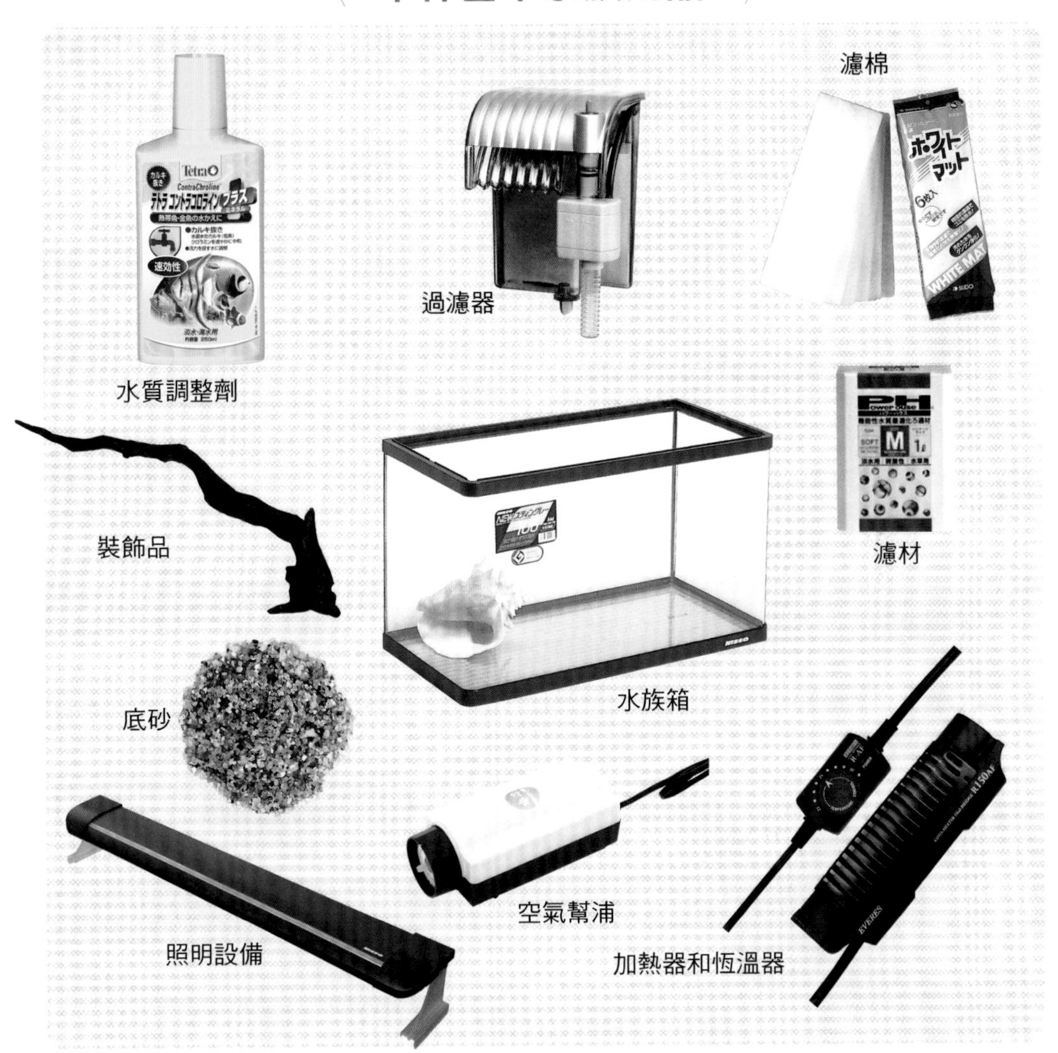

人氣急速上升 水族箱套裝組

最近，備齊基本配備的水族箱套組非常受歡迎。價錢比個別購買便宜，也不會發生尺寸或規格不符的情況，比較起來，又要挑選又要買齊器具的作法就顯得麻煩多了。推薦給想要馬上開始水族生活的人。

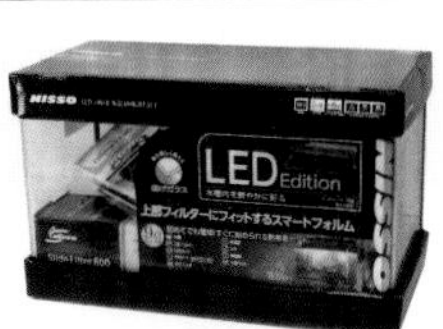

60cm的熱彎玻璃缸和飼養熱帶魚必須的器材，加上LED照明套組。106熱帶魚 β LED Edition / （股）MARUKAN NISSO 事業部

過濾器

增加有用的細菌非常重要

過濾器是將水過濾淨化的器具，它的目地大致可分成兩個。

一是藉由過濾器濾材中已經繁殖的細菌作用，將魚隻排泄物中特別有害的物質氨，改變成毒性較低的物質；二是進行物理過濾，將和水一起吸入的垃圾過濾掉。

這種細菌為好氧菌，喜歡氧氣充足的地方和水流暢通的環境，因此，能夠通過以下兩個條件的過濾器，就可以說是好的過濾器。①有無數的細微縫隙，不容易堵塞、②水可以有效率地流過過濾器中 。

最具代表性的物理過濾，是利用海棉材料，過濾掉大型垃圾的類型；另外，也有搭配優質活性碳使用的小型水族箱用拋棄式過濾器，對於新手非常方便。

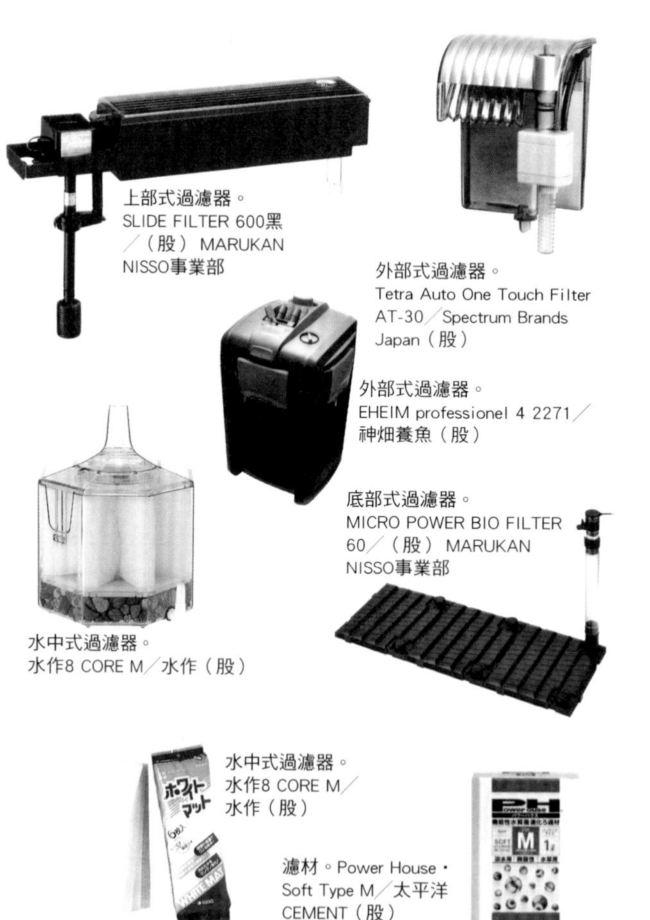

上部式過濾器。SLIDE FILTER 600黑／（股） MARUKAN NISSO事業部

外部式過濾器。Tetra Auto One Touch Filter AT-30／Spectrum Brands Japan（股）

外部式過濾器。EHEIM professionel 4 2271／神畑養魚（股）

底部式過濾器。MICRO POWER BIO FILTER 60／（股） MARUKAN NISSO事業部

水中式過濾器。水作8 CORE M／水作（股）

水中式過濾器。水作8 CORE M／水作（股）

濾材。Power House・Soft Type M／太平洋CEMENT（股）

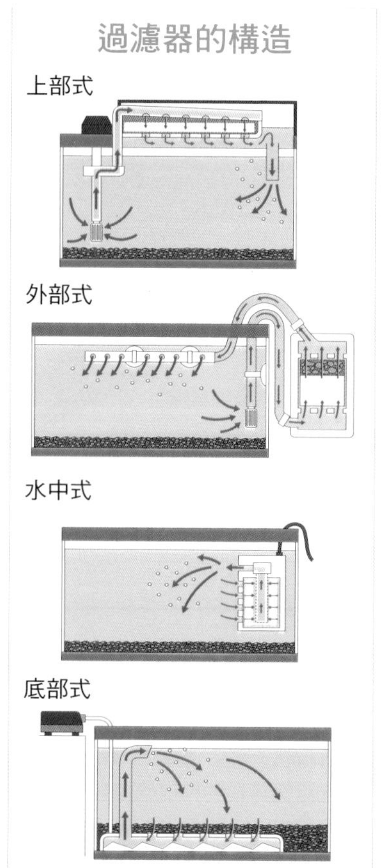

加熱器

飼養熱帶魚的必需品

基本上，水族箱用的加熱器是置於石英或陶瓷內，然後直接投入水中。因此，大型魚發怒時可能會撞壞加熱器，或是碰觸到造成燒燙傷。為了預防這樣的意外發生，建議連加熱器的保護套也一起購買。

如下表，選擇的加熱器瓦特數，必須和水族箱大小成比例。

假設此時需要的是200W的加熱器，可以放入兩支100W的加熱器。這樣，萬一其中一支加熱器壞掉時，仍然能夠保持一定程度的水溫，提高安全性。

至於設定溫度的恆溫器，最近以電子式恆溫器為主流。感測器可以感知水溫，只要利用記憶操作，就能輕易設定溫度。

此外，還有將恆溫器和加熱器一體成型的IC自動加熱器，對於新手和老手來說，都是水溫管理的最佳夥伴。

最後，一定要記得買水溫計。每天使用水溫計確定水溫，以預防萬一加熱器壞掉卻不知道的情況發生。

適用於小型水生生物保溫的加熱器。AQUA PANEL HEATER 12W／水作（股）

恆溫器&加熱器一體型。NEW PROTECT IC AUTO 200W／（股）MARUKAN NISSO事業部

IC恆溫器。SEAPALEX 300NEO／（股）MARUKAN NISSO事業部

IC恆溫器&加熱器套組。AUTO HEATER DIAL BRIDGE R150AF／（股）EVERES

水族箱的尺寸和加熱器的大致標準

水族箱尺寸（mm）	水容量（ℓ）	瓦特數（W）
359×220×262	20	75
450×295×300	35	100
600×295×360	57	150
600×450×450	105	200
900×450×450	157	300
1200×450×480	220	500
1200×450×600	345	1000

※水族箱的尺寸為長×寬×高

照明

種植水草時，盡量選擇配合水草特性的明亮照明

熱帶魚本身未必需要照明。但是，為了享受觀賞美麗的水族箱和熱帶魚的樂趣，就必須有相配合的照明。還有，水草如果沒有光，就無法進行光合作用，容易枯萎，因此如果考慮種植水草，建議選擇水草種植專用的照明燈具。

照明燈具大致分為螢光燈和LED燈（發光二極管）。螢光燈是一直以來的基本用品，一般使用以下兩種。

①發出長短複數波長光的高演色性三波晝光色燈，感覺比普通的燈明亮。

②發出適合水草進行光合作用波長的光的水草栽培專用燈。植物栽培用燈雖然適合光合作用，但因光源不均勻，通常會搭配其他的明亮燈具一起使用。還有，也不適合紅色水草的栽培，必須特別注意。

LED燈的電費比螢光燈便宜，燈泡壽命也比較長，基於以上的運轉成本和可以選擇光色的高裝飾性，現在已經成為主流。

螢光燈和LED燈各有各的特色，你可以選擇適合自己需求的。

另外，肉眼雖然不太能感受得到，但水族箱的玻璃其實會吸收相當多的光。經常擦拭玻璃，保持清潔，才能使水草保持在良好的狀態。

完全展現水的光澤和透明感。PG SUPER CLEAR 600／（股） MARUKAN NISSO事業部

很容易跟上部式過濾器搭配使用。將水族箱內妝點得更鮮明的LED燈。LED LINEAR 600 BLACK／（股） MARUKAN NISSO事業部

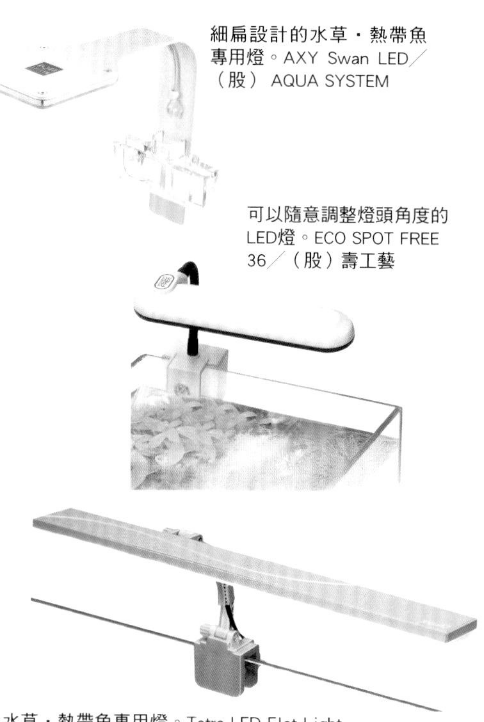

細扁設計的水草・熱帶魚專用燈。AXY Swan LED／（股） AQUA SYSTEM

可以隨意調整燈頭角度的LED燈。ECO SPOT FREE 36／（股）壽工藝

水草・熱帶魚專用燈。Tetra LED Flat Light LED-FL／Spectrum Brands Japan（股）

空氣幫浦

AIR PUMP

空氣幫浦的作用是補充氧氣和動力來源

空氣幫浦是強制性地將空氣送入水族箱內的器具，主要作用是輸送空氣，作為底部式過濾器的動力來源。當然，也有往水中補充氧氣的作用，飼養較多魚隻時，最好能夠使用。

以前的空氣幫浦運作的時候聲音比較吵雜，不過最近的產品已經變得安靜許多。

另外，空氣幫浦也可能因為水族箱的深度而需要一些壓力，因此必須配合水族箱的深度來選購。

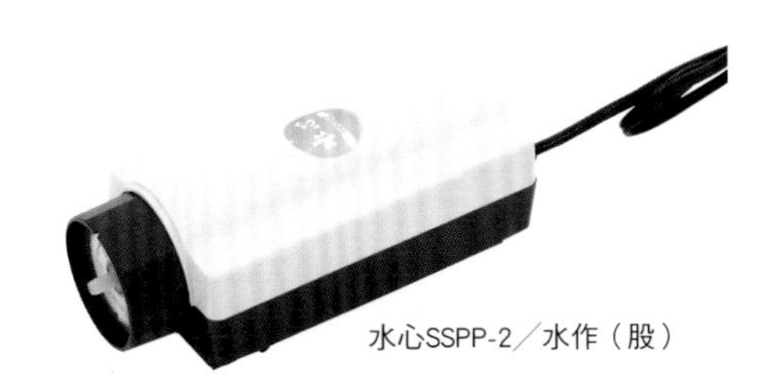

水心SSPP-2／水作（股）

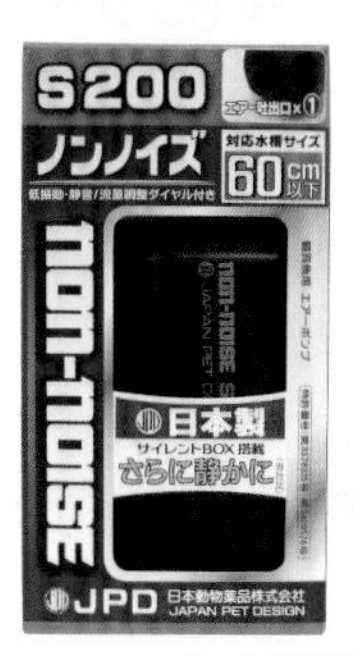

NON-NOISE S-200／日本動物藥品（股）

背幕

使水族箱看起來更美觀的商品

費盡心血將水族箱內布置得美美的，但是背景如果顯得雜亂，所有的努力都白費了。水族箱靠著牆壁之類放置時，可以在背面的玻璃上貼上背幕，便能遮住水族箱背後的物品，讓視覺更加集中在水族箱上。

從黑色或藍色等單色系到水草布置專用的，市面上販賣著各式各樣的背幕，只要有效地加以運用，就能輕鬆地改變水族箱給人的印象。

水族箱背幕／（股）Aqua Design Amano
※水族箱另售

PHOTO SCREEN 90
水草（上）3D SCREEN
AMAZON 600（下）／
（股）壽工藝

BACKSCREEN

底砂

底砂具有眼睛看不到的重要功能

看似普通的底砂，其實對魚隻和水草來說，都具有重要的功能，像是：淨化水質、使魚隻心情穩定、種植水草等，有些種類的底砂甚至有改變水質的功能，這些都是水族箱內不可欠缺的。目前市面上販售的砂子有許多種，其中以專門用來種植水草的為多。

用來飼養熱帶魚的底砂，最具代表的就是大磯砂。大磯砂是大小約3～5mm的細砂粒，幾乎不會造成水質任何的變化，大部分的淡水魚都可以使用。還有，它也適合用來栽培水草，對新手來說是個不錯的選擇。

珪砂從以前就是作為觀賞魚用的底砂，對水質的影響很小。由於是堅硬的砂子，也可以用來作為濾材，基本上是所有的魚都可以使用的萬能砂。

最近市面上還出現陶瓷製的砂子、樹脂、玻璃製的砂子等各式各樣的砂子。陶瓷製的砂子色彩豐富，適合選購來搭配成喜愛的水族箱環境。，它們大部分都不會對水質產生影響，可以安心使用。

另外，樹脂、玻璃製的砂子作為裝飾用，可以使水族箱呈現獨特和華麗感。只是砂子的表面平滑，很難鋪在底部式過濾器的上方作為濾材使用。

市面上也販售多種稱為「底土」，類似細滑砂子或土壤的植物栽培用底砂。雖然適合水草的栽培，但是不同的種類，使用方法以及對水質的影響也會有差異，最好請教店員，使用方法上需特別注意哪些。

大磯砂。最常使用的觀賞用砂。價格便宜，最適合新手。顆粒直徑為3～5mm，不太會對水的pH值和硬度產生影響。

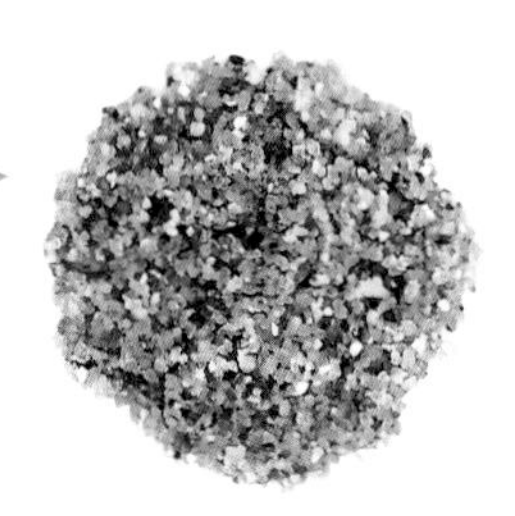

珪砂。天然的河川砂。從淡褐色到黃土色，顏色多樣。長期使用也不會對水質造成變化。

陶瓷砂。用陶瓷製成，長期間使用砂粒也不會碎裂，特色是不會對水的pH值和硬度產生影響。

水草用底砂。含有水草所需肥料的特殊砂子。最近已經有利用將毛根植入砂粒內製造出來的產品。

玻璃砂。雖然不適合用在水草生長，不過只飼養熱帶魚的話，可以布置出色彩繽紛的水族箱。

裝飾品

緊急時可以派上用場的便利商品

把魚買回家或是要移動魚的時候，需要撈魚的網子。請盡量配合魚和水族箱，選購兩到三種網目細密且柔軟的撈魚網。

塑膠製的小型容器，可以用來暫時放置魚隻。捕捉容易受傷的魚時，將容器沉在水族箱後，再用網子將魚追逐到容器中，就可以安全的抓到魚。

裝飾品方面，有沉木或岩石等天然的素材，也有塑膠或陶瓷的製品。有些天然的物品會對水質產生影響，最好在水族店購賣水族專用品比較不會有問題。

清潔用品

維持水族箱清潔的必需品

清除玻璃面上的青苔，有不需太費力就能拭去的專用海綿，也有附握柄海綿，可以清洗到手搆不到的地方。壓克力水族箱容易刮傷，請盡量選擇柔軟材質的用品。對付玻璃水族箱上不容易清除的青苔，塑膠製的刮刀非常好用。

使用大磯砂等較粗的砂子時，可以使用一邊清洗底砂一邊進行換水的專用清潔器，效果不錯。此外，用大量水草造景時，最好準備專用的剪刀、鉗子和夾子。

容易調和沉木和石頭、水草等的色調。多目的 SHELTER SQUARE／（股）SUDO

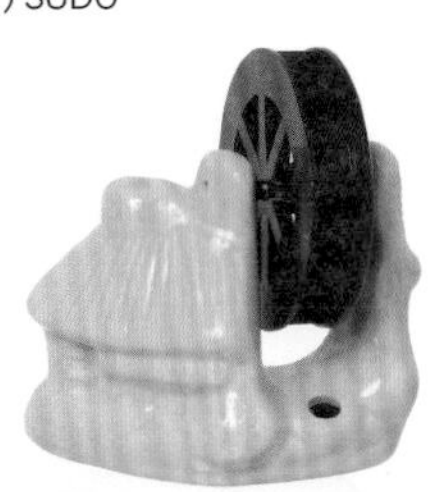

茅草屋頂上咕嚕、咕嚕轉動的水車。附在房子上的水車（小）／（股）SUDO

最適合小型魚的開孔型。對魚很友善的無染色商品。素燒藏身處系列小壺／（股）GEX

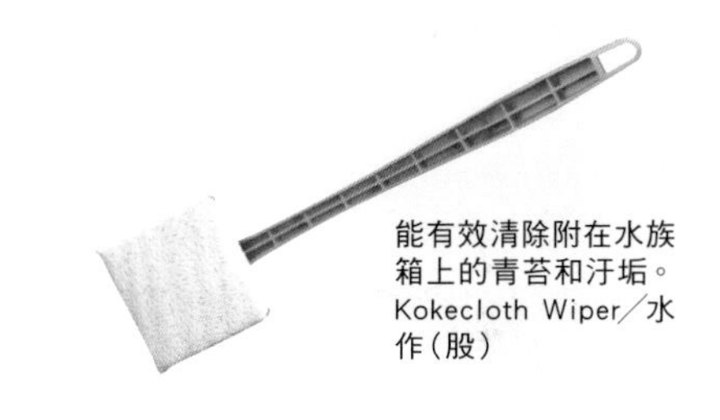

能有效清除附在水族箱上的青苔和汙垢。Kokecloth Wiper／水作（股）

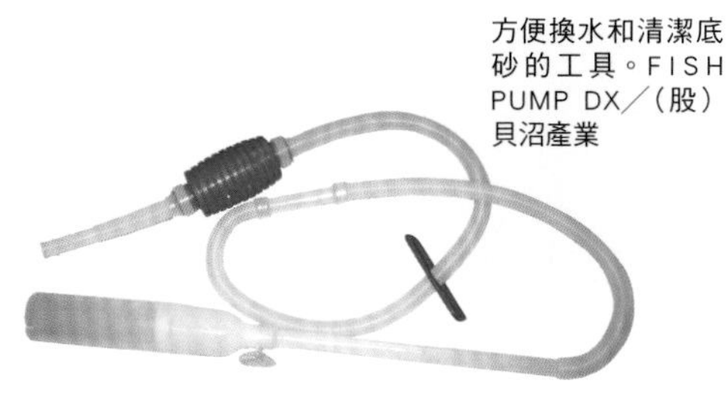

方便換水和清潔底砂的工具。FISH PUMP DX／（股）貝沼產業

水質調整劑

善加使用可以提升飼養技術

水質調整劑可以將自來水調整為適合飼養熱帶魚的水質。雖然全部都稱為水質調整劑，但其實商品種類非常得多，最常使用的是中和自來水中的氯的中和劑。

中和劑有顆粒狀和液態兩種，液態的中和劑對新手比較適合，因為劑量的計算比較容易。

此外，市面上也有販售綜合水質調整劑，不只可以處理氯，也能夠處理其他的有害物質。

飼養生活在特殊水域的魚種，或是促使魚隻產卵時，就必須調整水質。這個時候要使用可以改變pH值和硬度的水質調整劑。各種產品的使用方法都不相同，最好充分閱讀說明書後再使用。

為了知道水質是否已經改善到理想的狀態，測試檢查也十分重要。尤其是pH值的測試，石蕊試紙或是數位顯示的pH值檢測器，使用起來都非常簡單。

不僅如此，這樣做也能有效確認水質的惡化情況。所以飼養特殊魚隻時，一定要準備pH值測試工具，以便做定期性的測試。

利用海洋性硅藻土的成分過濾，活化細菌，防止飼養水變質。Zicra WATER熱帶魚用／（有）Zicra

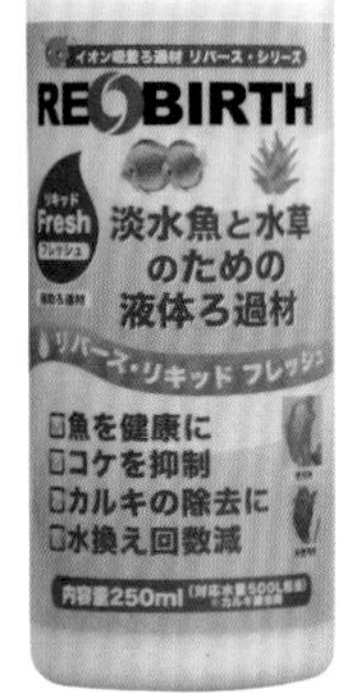

附著在底床或過濾材料上，防止氧化。離子吸附過濾材REBIRTH／（股）Water Engineering

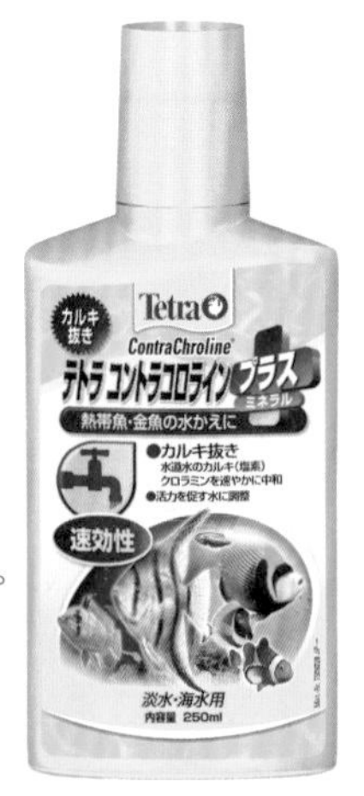

將自來水中所含的氯去除。Tetra Contra Chroline PLUS／Spectrum Brands Japan（股）

保護受傷魚隻的黏膜，使魚隻恢復健康。PROTECT X／（股）KYORIN

C O N D I T I O N E R

Chapter

[第4章]

一個星期安裝好水族箱

打造水族箱，並不是一朝一夕就能夠完成的。
充分的事前準備，才能使熱帶魚活力充沛地優游在水族箱中。
這裡為你介紹一星期布置好水族箱的完全手冊。

STAGE 1

一個星期打造完成

絕對不能急躁！依照正確的順序慢慢完成

終於要裝設水族箱了，能否確實地完成基本作業，將會影響到日後的水族生活。請依照正確的順序，仔細地裝設吧！

充分考慮水族箱的放置場所

一旦下定決心飼養熱帶魚，很自然地就會想要馬上去買水族箱和熱帶魚。不過在實際購買前，有些事情還是必須先做準備。

首先是放置水族箱的空間。

裝入水和砂子後的水族箱會變得非常重，即使是60cm的水族箱，完全裝備好後也會重達70kg左右，約一個成年男性的重量。要負載這麼重的物體，一定要有一個非常穩固的櫃子。

如果是放在矮櫃或鞋櫃之類的家具上面，水族箱的重量可能會造成它們的門打不開，所以最好充分確認後再放置。

還有，櫃子表面必須完全平坦，只要有些微的凹凸不平，就有可能造成水族箱底破損，進而漏水。可以的話，最好準備水族箱專用的櫃子。

熱帶魚是非常在意水溫管理的生物，因此必須放置在溫度變化小、陽光直射不到的地方。如果放在向外突出的窗台上，必須準備遮光效果良好的窗簾，以免陽光直接照射到水族箱。

另外，因為一個月可能必須換好幾次水，所以放置在靠近水龍頭或排水口的地方會比較方便。

一星期安裝完成的水族箱時間表
時間行程
TIME SCHEDULE

第1天～第3天：設置水族箱
※進行調整水質和繁殖細菌，需要兩至三天的時間。

第3天～第5天：水草造景
※雖然稱為水草，但有些種類並無法立刻水中化。

第6天～第7天：放入熱帶魚
※花點時間讓魚習慣水，以免魚隻休克。

CHECK POINT!

檢查重點

- 穩固、平坦的地方
- 陽光無法直射的地方
- 震動少的地方
- 靠近自來水和排水口的地方

第1～3天
設置水族箱

1.將水族箱和器材清洗乾淨

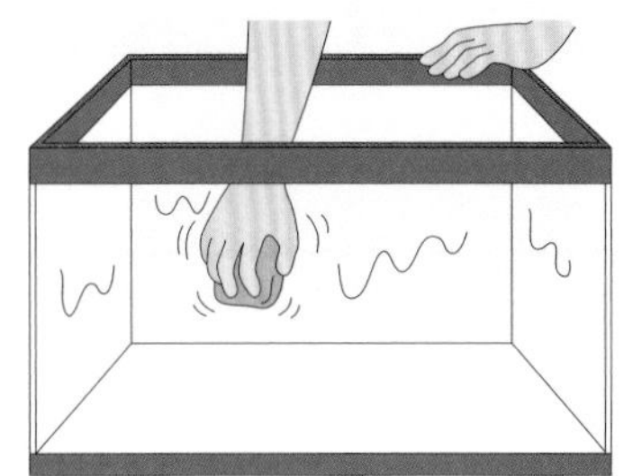

在浴室或方便的場所，將水族箱和器材用水清洗乾淨。剛買回來的器材會有灰塵、汙垢等附著，千萬不要直接放進水中。

清洗水族箱和器材等時，絕對不能使用清潔劑。

2.貼上背幕

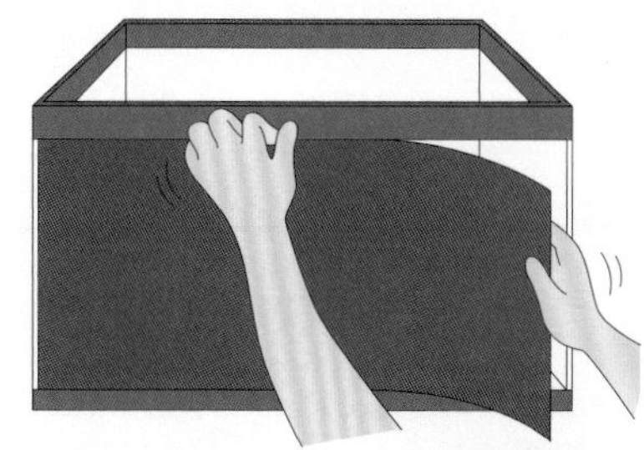

不想讓人看到水族箱的背後，或是想要打造個性化的水族箱，可以按照自己想要的感覺貼上背幕。

在水族箱的下面墊一塊保麗龍薄板，能預防刮傷，並具有保溫效果。

3.將砂子洗乾淨

將大磯砂或五色砂等放在水桶中，像洗米一樣少量、少量地確實洗乾淨。珊瑚砂或硅砂等，只要邊攪動邊沖洗掉灰塵就可以了。

土砂或是水草專用的土狀底砂，清洗的話，可能造成有效成分流失，必須遵守用法使用。

4.裝砂

如果使用底部式過濾器，就要先設置過濾器，再從其上方輕輕倒入砂子。

6.安裝過濾器

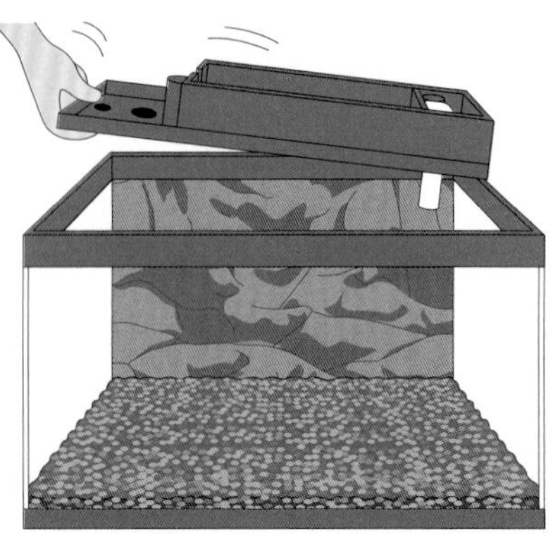

有些水族箱安裝上部式過濾器的地方是固定的，必須詳細閱讀說明書後再做設置。

5.將底砂鋪平

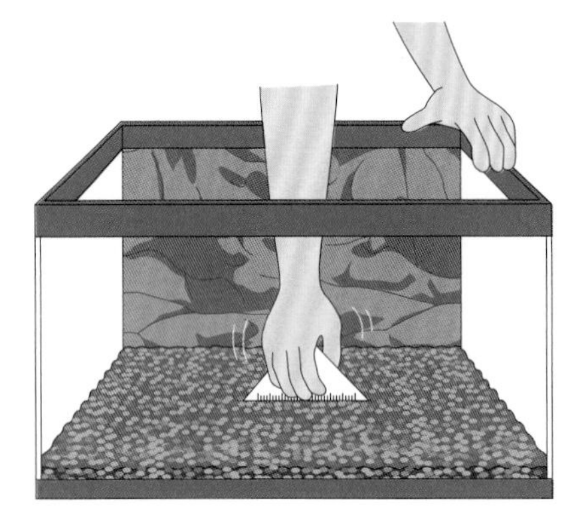

使用尺之類的工具，將砂子鋪平。

POINT

過濾器的形式不同，設置方法也不一樣，必須詳細閱讀說明書後再安裝。

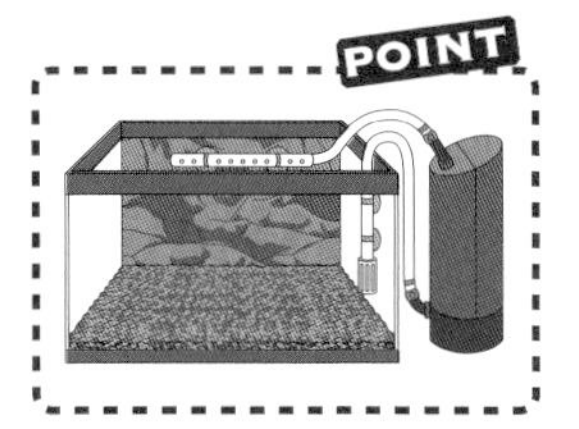

7.加入濾材

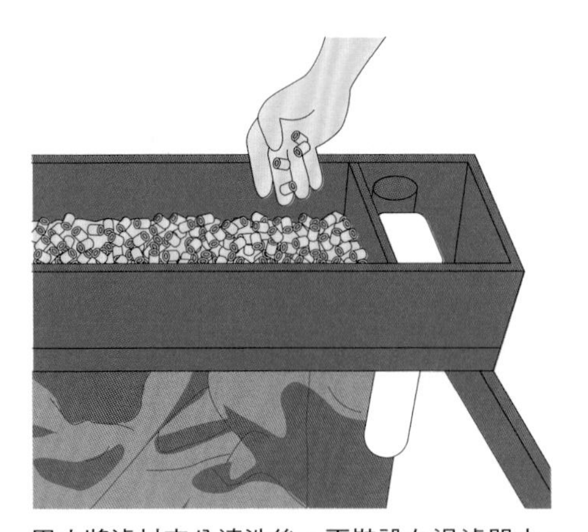

用水將濾材充分清洗後，再裝設在過濾器中。

8.鋪上濾棉

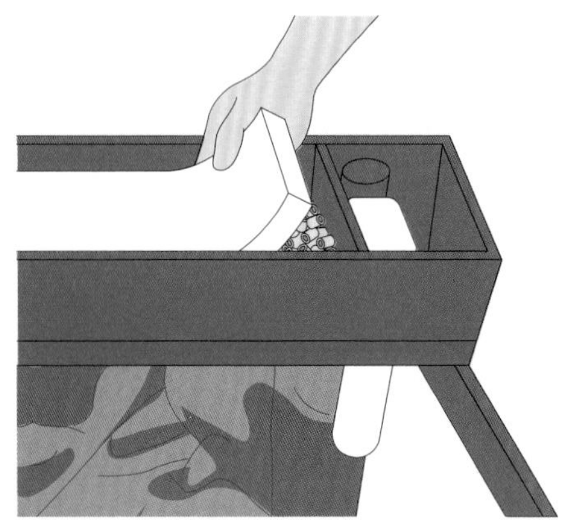

緊密無縫隙地將濾棉鋪在濾材上面。

9.安裝空氣幫浦

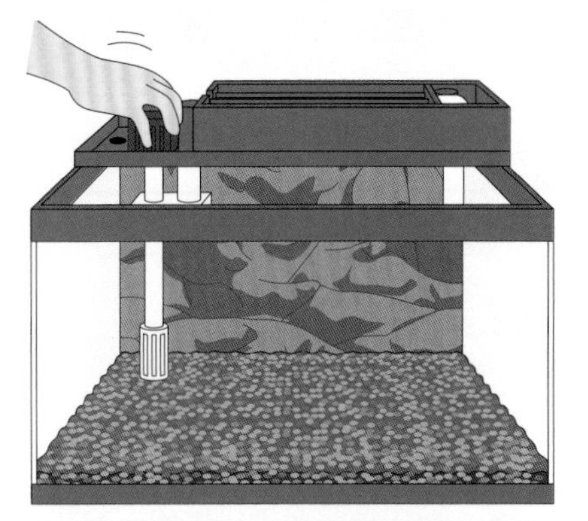

安裝空氣幫浦時，必須確認水的出口是否確實安裝在過濾層中。

10.安裝加熱器

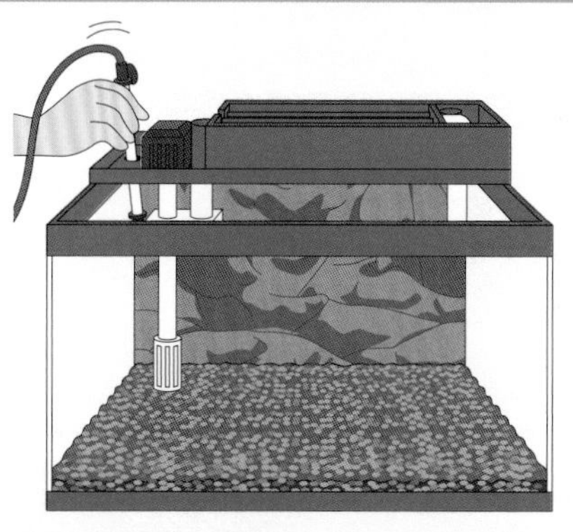

如果是上部式過濾器，幫浦的側邊會有開孔，可以將加熱器直接插入。注意：此時還不要插上電源。另外，恆溫器的感應器要盡量遠離加熱器，固定在水族箱的中層附近。

POINT

如果加熱器沒有附蓋子，可以淺淺地埋在砂中。

11.安裝溫度計

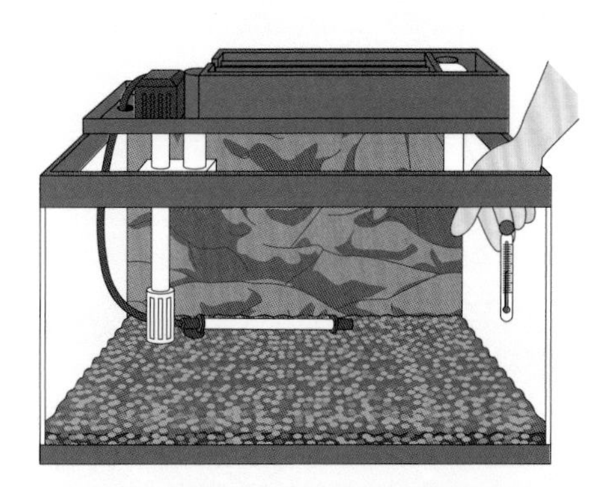

每天都必須檢查溫度，所以最好將溫度計固定在水族箱中容易觀察的位置。

12.放入裝飾品

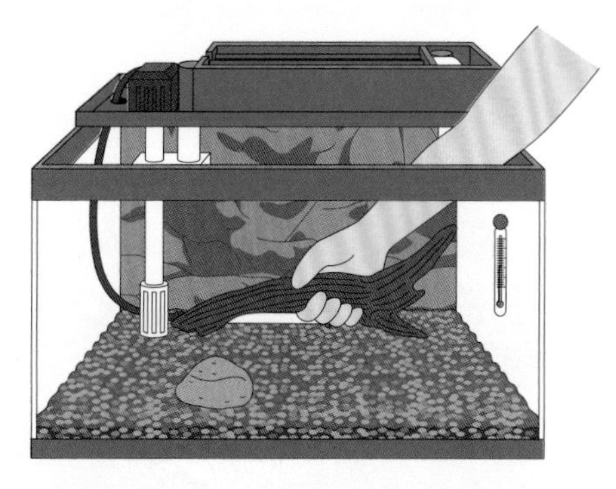

考慮好造景後，安裝沉木或岩石等。這時同時也要考慮好種植水草的位置。

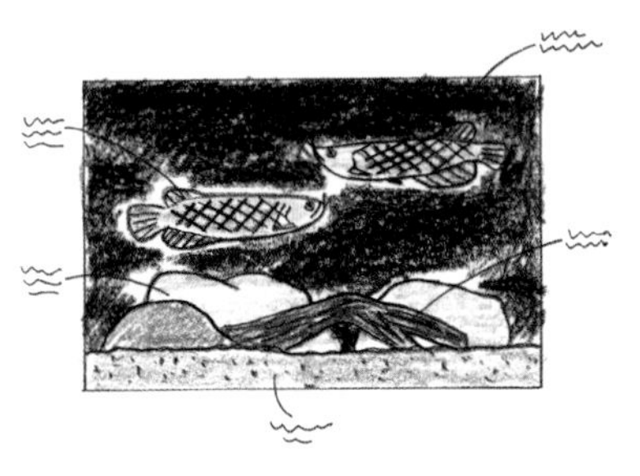

試著畫出自己理想中的水族箱草圖

布置水族箱，重要的是先在腦海中想像一下自己要怎麼樣的水族箱。你可以先參考專業雜誌上的照片或是水族店內的水族箱布置，如果看到喜歡的，就記錄下來。等決定好自己心中的理想水族箱後，試著畫出草圖，就算畫得不漂亮也沒有關係。這個時候，最好將整體構圖、從正上方看到的俯視圖、大致尺寸、種植的水草種類等全都清楚標示出來。盡可能詳盡地畫出來，問題點和必要的裝飾品等就會清楚地浮現，可以減少布置失敗的機會。

不可以使用在水族箱中的材料

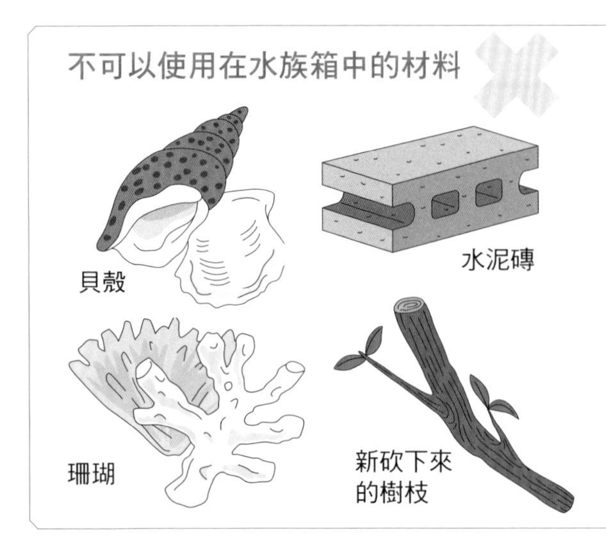

不管有多麼合乎你心中想要的造景，有幾種材質就是不適合使用在水族箱中，必須注意。

首先是珊瑚和貝類。水族箱中放入這些東西，會造成水質鹼化，並不適合飼養喜歡中性到弱酸性水質的淡水魚和水草。基於同樣的理由，水泥和石灰岩也不可用。

此外，還要注意：新砍下來的樹枝和三合板可能會釋放有害物質。

造景水族箱經常使用的沉木，大多未經吐色，一定要確認清楚後再購買。

布置技巧　PART 2

打造立體感的造景

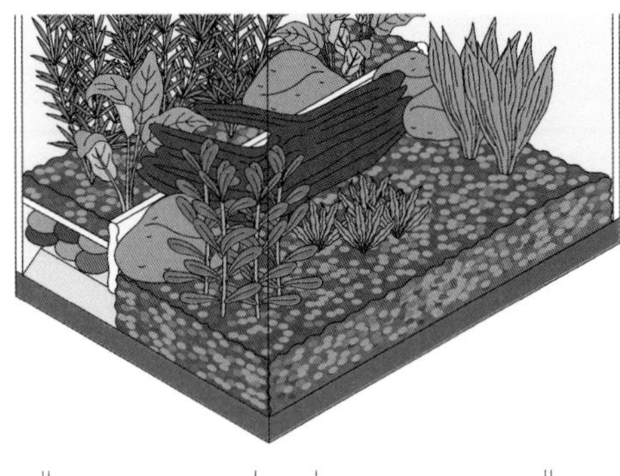

許多人大概都會對水族店中具有立體感造景的水族箱心生嚮往吧！其實，只要有塑膠板和黏膠、紗窗用的紗網，即使是新手也可能打造出來。作法非常簡單，只要用塑膠板在水族箱的底砂上面做成堤防，形成落差就可以了。

黏膠必須使用矽利康密封膠（矽利康系填充劑）的樹脂，毒性小，能讓人比較安心。這些材料都可以在家庭用品中心購得，在設置水族箱前，可以先挑戰看看。

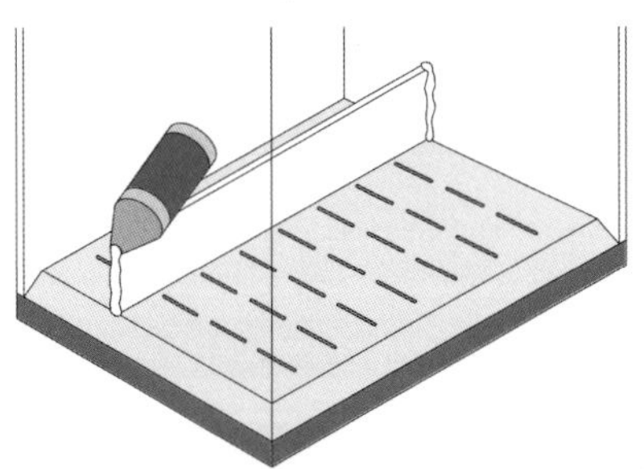

①將底部式過濾器放入水族箱底部，在過濾器上面立起塑膠板做成堤防，然後用矽利康密封膠將塑膠板的兩端黏在水族箱的玻璃上。

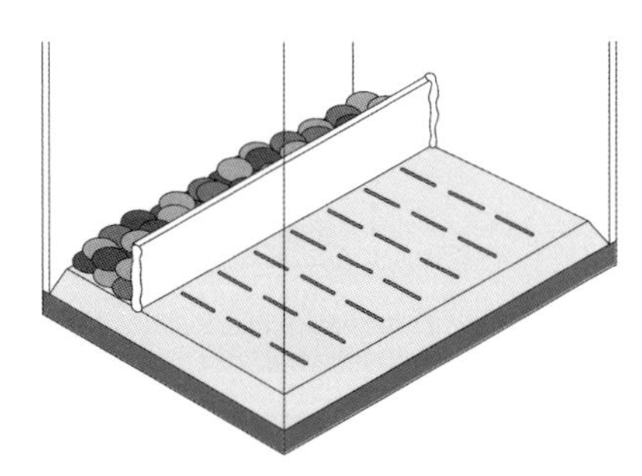

②規劃為上段的部分，排列較大顆的石頭，使水流暢通。

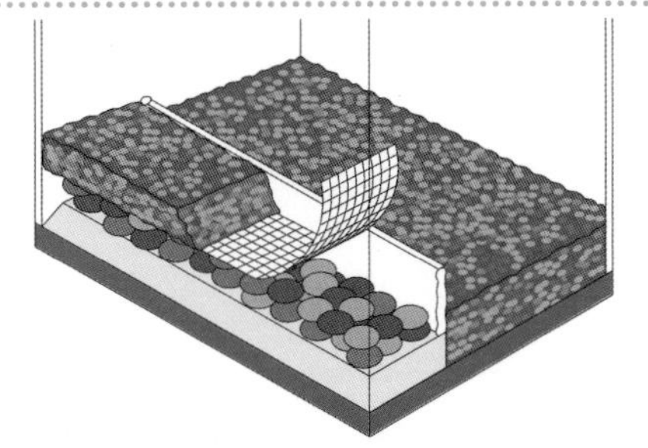

③將下段鋪上砂子，接著將上段鋪上紗網後再鋪上砂子，以免砂子掉入石頭的隙縫間。

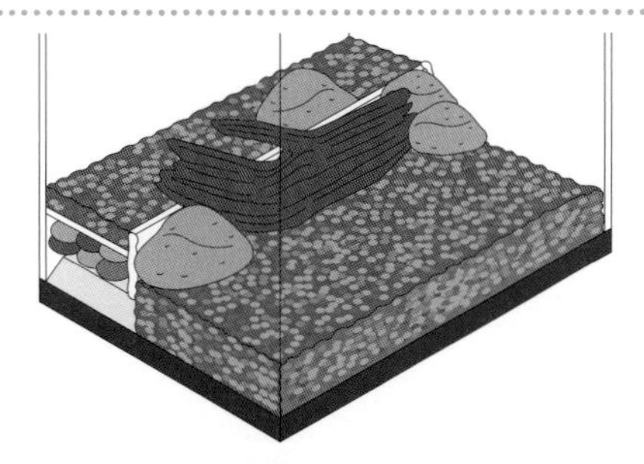

④在塑膠板的前面擺上岩石和沉木，使得從正面無法看到堤防，然後種植水草就完成了。

第1～3天

設置水族箱

13.加水到八分滿

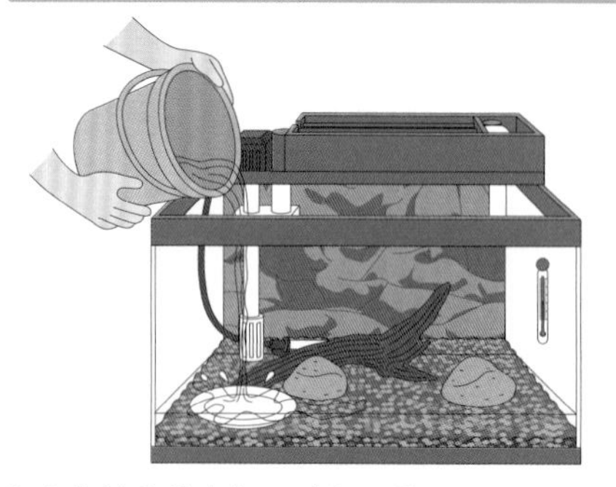

在水族箱內放上盤子或塑膠袋後，再輕輕地將水倒入，以免砂子被沖擊起來。

POINT

水質顯得混濁時，使用兩條水管同時進行抽水和注水，可以消除混濁的現象。

14.安裝玻璃蓋

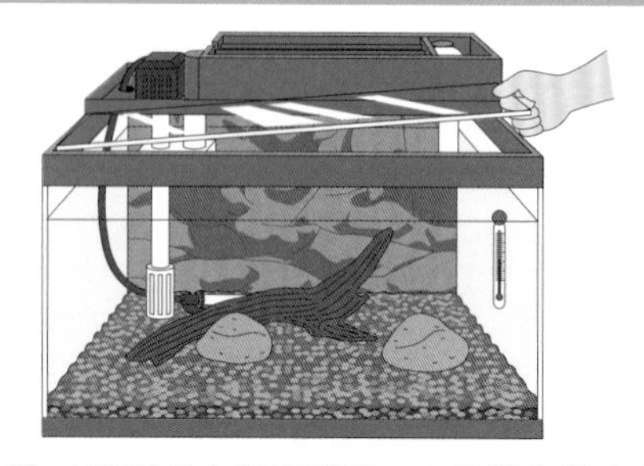

因為水溫保持在較高溫度，水族箱內的水容易蒸發。適當地安裝玻璃蓋，可以防止水分蒸發。

POINT

有些魚很會跳躍，這樣做也能有效防止魚跳出水族箱。

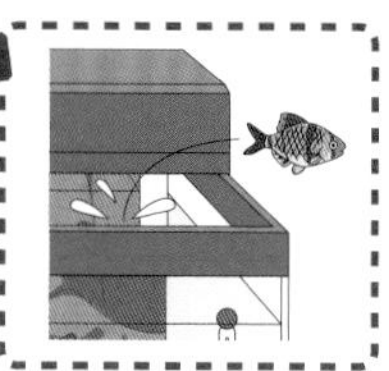

15.安裝照明

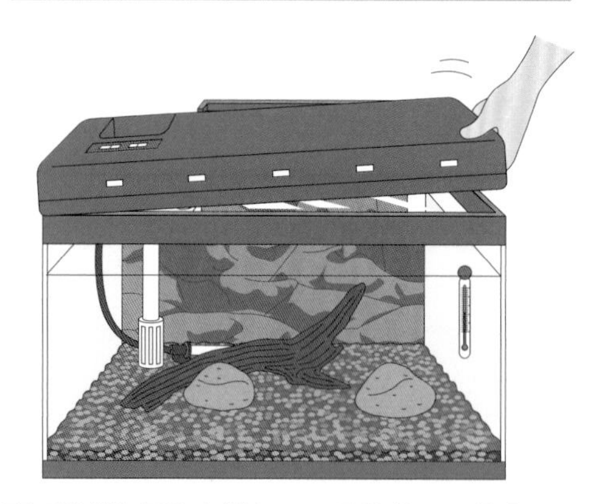

照明設備如果沒有裝好，一旦掉落，可能會造成傷害或意外，所以必須確認是否有安裝穩固。

16.插上過濾器的電源

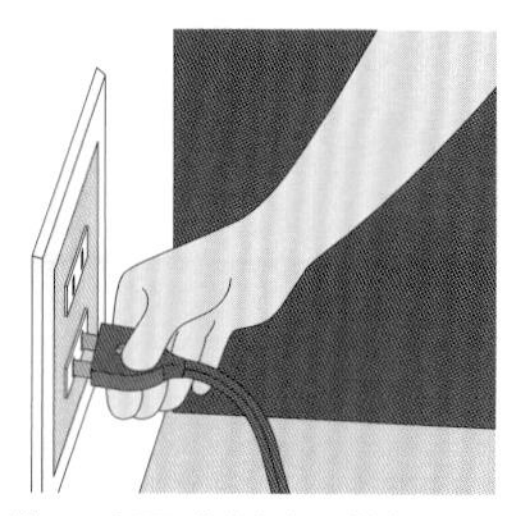

確認水流正常，水不會溢出到外面後，加水到水族箱上框最極限處，接著插上恆溫器的電源。

POINT

恆溫器溫度的設定必須配合魚隻所需，並確認當溫度下降時，警示燈是否亮起（依產品而定）。

17.啟動加熱器

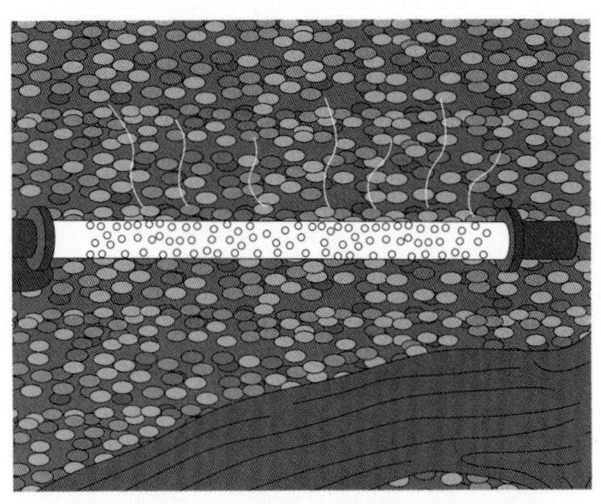

啟動加熱器後，如果水溫低於設定溫度，不久後就會出現氣泡。請仔細確認。

18.啟動空氣幫浦

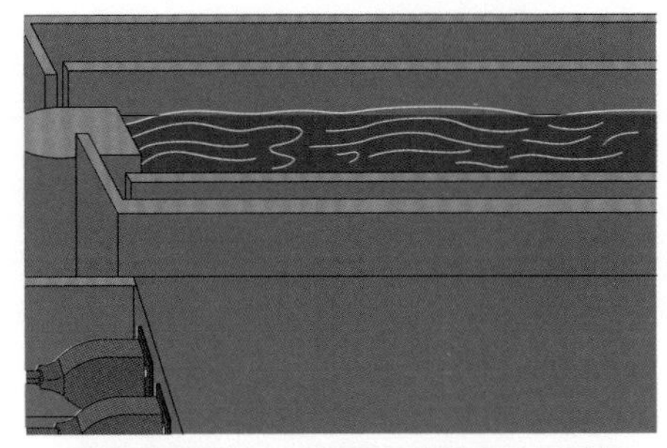

檢查水是否以一定的強度從空氣幫浦流出。如果沒有，就要確認水是否到達幫浦上標示的水位線。

19.水族箱設置完成

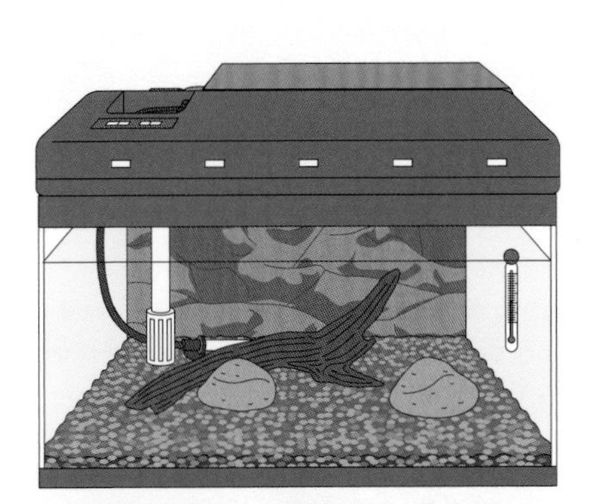

約每隔一個小時觀察一次溫度計，確認水溫是否穩定地保持在設定的溫度。這個作業約需持續半天。

20.加入細菌

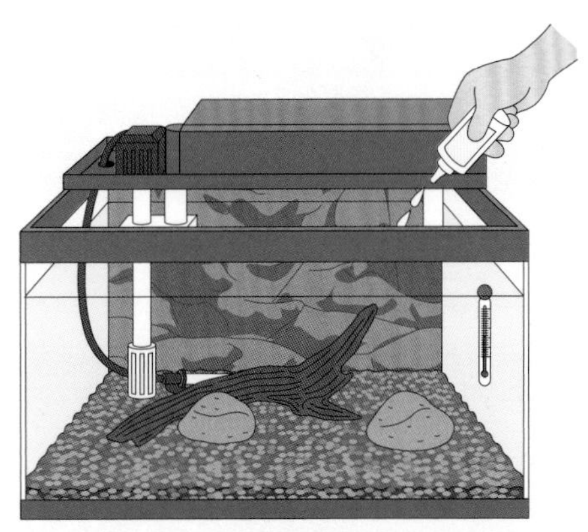

添加必須的水質調整劑和除氯劑的同時，也可以加入過濾細菌。

第3～5天

水草造景

水草在種植前的準備工作很重要，進行作業時也一定要小心處理，以免弄傷水草。

1.從容器中取出水草

用力取出水草，容易傷害水草，要一點、一點地挪動出來。

先將水草從容器中取出。

2.拆掉海綿

用手指輕輕剝除保護用的海棉。卡在水草根部的海綿，可以用鑷子取出。

3.修剪根部

叢生型水草過長的根在水族箱中易腐爛，必須修剪掉。不過要注意，不可以修剪到生長點。

3.拆掉鉛片

拆掉鉛片和摘除折斷或枯掉的葉子後，將水草一株、一株地整齊排列在盤子或托盤上面。

4.從水族箱後方開始種植

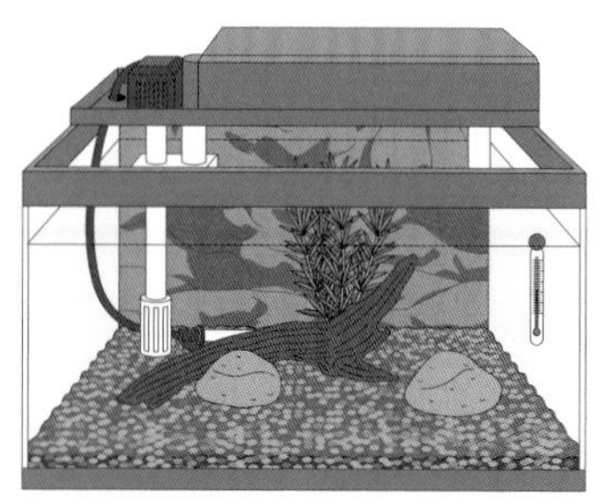

先將較高的水草種植在後景，接著再配置作為重點裝飾的水草和沉木。

POINT

最後種植水族箱比較細部的前景部分，就完成美麗的造景了。

種植水草的技巧

水草主要分成葉子長在莖上的有莖型和像菠菜一樣成株的叢生型兩種。它們不只外觀不同，種植前的準備工作和種植方法也不相同，種植時要採用各自適合的方法。

有莖型的種植方法

1.用水洗乾淨

剛買回來的水草可能附有雜菌或貝類的卵及幼蟲等，一定要在水桶中仔細洗乾淨。

2.剪除損傷的部分

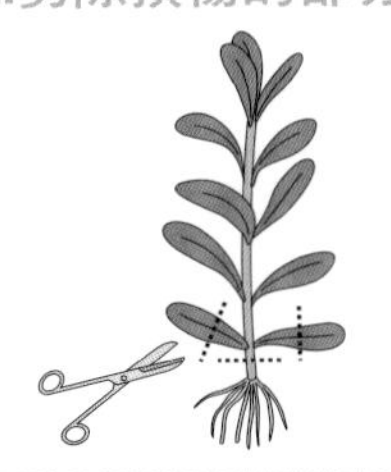

將莖損傷的部分和下面的葉子剪除，並將最底下的莖節（如果有折斷、腐爛，就是需要修剪乾淨後的莖節）正下方做修剪後，按照長短順序排放在盤子或托盤上。

3.使用鑷子種植

用鑷子夾住水草的下端，一株、一株的插入砂中。鑷子盡量和水草保持平行進行，就可以種得很好。

4.將砂鋪平

把周圍的砂子均勻鋪平，以免種好的水草鬆動或浮起來。

叢生型的種植方法

1.用水洗乾淨

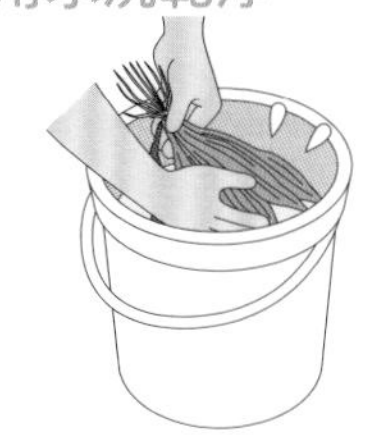

剛買回來的水草可能附有雜菌或貝類的卵及幼蟲等，一定要在水桶中仔細洗乾淨。

2.剪除損傷的部分

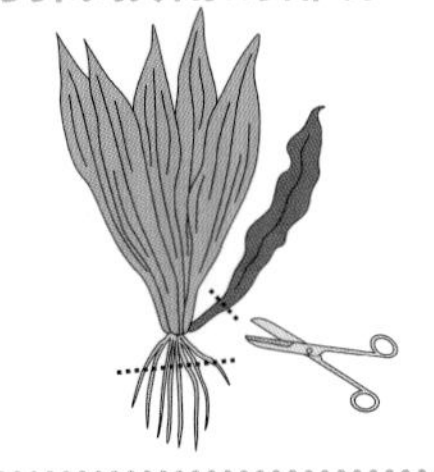

將枯掉和折斷的葉子剪除，根部只要留約2～3cm左右。如果發現根部有小貝殼附著，一定要去除。

3.將底砂挖洞種植

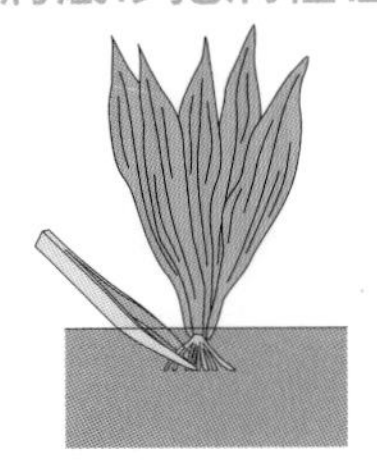

將底砂挖一個稍微凹陷的洞，小心地將根部放進去，不要損傷到，然後在根上覆蓋砂子。

4.在根部附近放入固態肥料

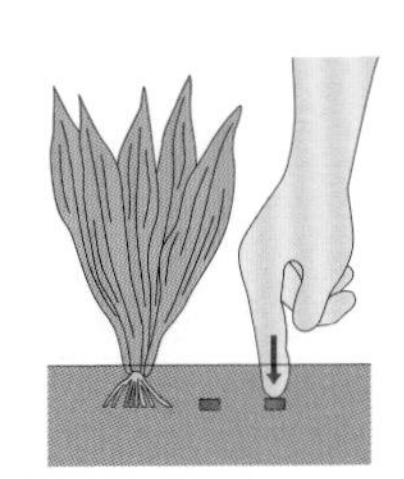

叢生型水草無法從葉子吸收營養，在根部旁邊放入固態肥料，有助於健康成長。

水草造型技巧

挑戰氣氛滿點的苔蘚

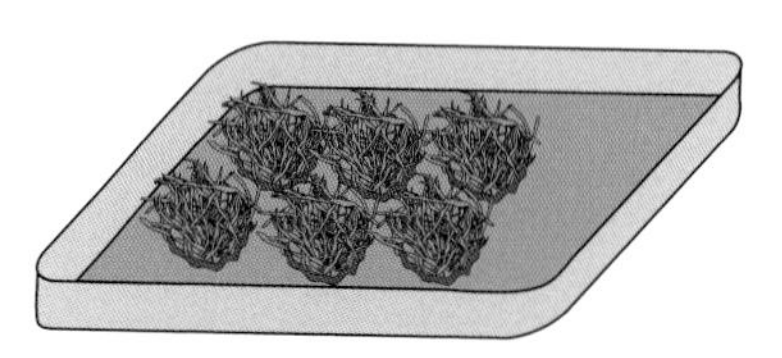

①準備已經清除灰塵的苔蘚以及沉木。將苔蘚放在裝有水的托盤中，以免乾掉。

②將苔蘚一片、一片地仔細並排在沉木上，不要讓根部露出來。

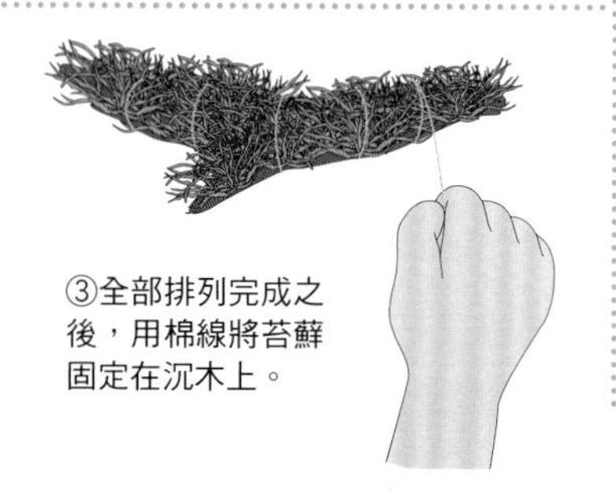

③全部排列完成之後，用棉線將苔蘚固定在沉木上。

④有些種類需要一些時間才能適應水中環境，可以使用噴霧器讓它對水逐漸習慣。

製作讓人驚豔的水草附生沉木

①將水草從容器中取出，做整理以及修剪。

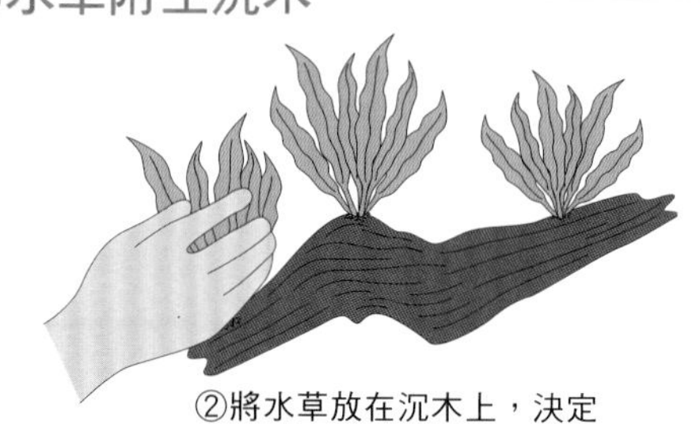

②將水草放在沉木上，決定附生的位置。

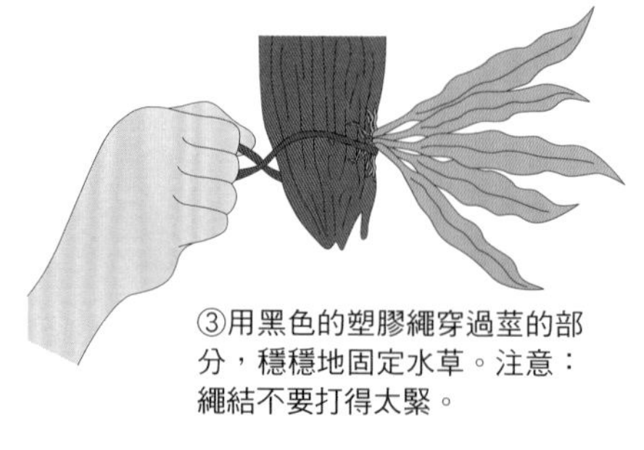

③用黑色的塑膠繩穿過莖的部分，穩穩地固定水草。注意：繩結不要打得太緊。

④所有的水草都綁好後便完成了。一到兩個月它們就會附生在沉木上面，這個時候再拆掉塑膠繩。

POINT

水草的葉子可能在作業途中乾掉，作業中可以用噴霧器補充水分。

第6～7天 把魚放入

期望的主角終於要上場了！不過，千萬別急！因為把魚放進水族箱中，也有許多必須注意的事項。

從水族店到家中的注意事項

從水族店把魚帶回家時，必須注意運送時的溫度。夏天或冬天，如果運送路程較遠，最好放入保麗龍箱或是保冷箱中運送。還有，也不要忘了告訴店員，從買好魚到回家放入水族箱中，大概需要多久的時間。

1.連同塑膠袋浮在水族箱中

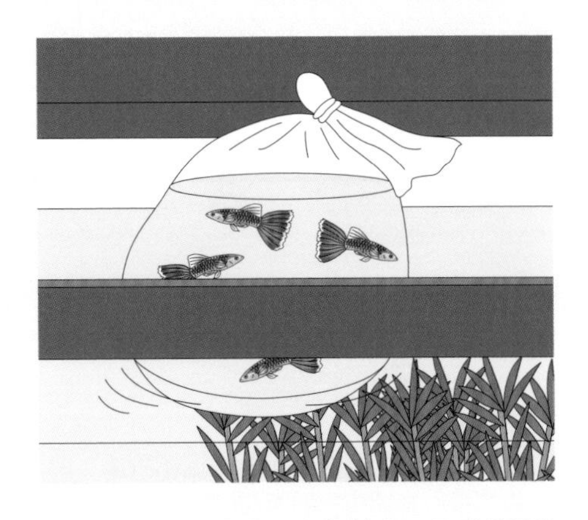

將裝著魚的塑膠袋放入水族箱中，漂浮放置約三十分鐘，讓袋內的水和水族箱的水溫相同。注意：不要讓塑膠袋碰觸到開著的照明設備。

2.將水族箱內的水倒入塑膠袋中

等兩者的水溫相同之後，將水族箱內的水一點、一點地加入塑膠袋中，讓魚逐漸習慣水族箱的水質。

3.重複相同的動作，一邊等待

即使是適合的水質，仍有可能引起魚隻的休克，所以等待片刻後，再重複做②的動作。

4.將魚移到水桶中

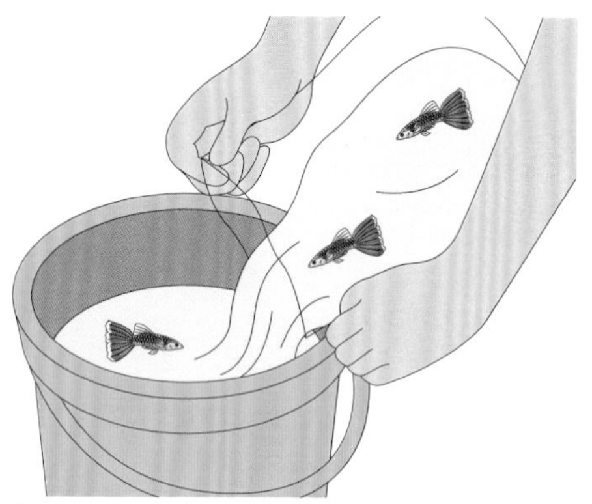

當塑膠袋的水溫和水族箱的水溫相同後，將魚和水移入水桶中。因為塑膠袋中的水如果一起倒入水族箱中，雜菌和汙物也會跟著一起進入。

5.僅將魚撈入水族箱中

用撈魚網將魚撈起，放入水族箱中。注意：不要讓魚網弄傷魚隻。

6.水族箱完成

花一個星期打造的水族箱完成了。對於飼養者來說，這是等待、盼望到來的瞬間；但是對魚隻來說，卻是新環境可能引起過敏的時刻。這個時候，請不要打擾，讓魚安靜一段時間。另外，餵食也要在魚平靜下來之後。原則上，是將魚放入水族箱後的第二天才開始餵飼料。

POINT

為水族箱添加新魚隻時，原本的魚可能會攻擊新來的。想要避免這樣的情況發生，可以先關掉水族箱的照明設備，在魚看不清楚周圍的狀態下，再將新魚放入，就可以減少問題的發生。

Chapter

[第5章]

水族箱設備的保養

想要百分之百享受觀賞水族箱的樂趣，每天的保養是不可缺少的。
不要忘了，熱帶魚和水草都是「有生命」的。

STAGE 1

日常的保養

每天的日常管理是飼養熱帶魚的基本

水族生活終於開始了，整理好對魚隻而言最佳的環境，是飼養熱帶魚的重點。盡快學會日常管理的例行工作，以免發生嚴重的後果。

照顧熱帶魚不只是餵飼料而已

說到飼養生物，最先想到的就是飲食的照顧，不過對於生活在水族箱中的熱帶魚來說，舒適的水溫和水質，甚至管理水溫、水質的器具是否正常運作，也同樣地重要。那麼，日常的照顧該做哪些事情呢？

首先，早上起床後要打開照明設備。一天的照明時間以十二至十四小時左右最恰當，但是也不單單只要保持燈開著就好，為了避免帶給魚隻壓力，最好能固定開燈和關燈的時間。因為工作而無法固定時間的人，可以安裝自動定時器。

其次是檢查溫度計，看看是否保持在適當溫度。還有，也別忘了檢查過濾器有沒有正常運作。

雖說如此，但又不能拆解機器做檢查，所以就是聽聽馬達或幫浦是否有不尋常的音出現就行了。

打開照明設備後，等魚隻顯得平靜，就能開始餵飼料了。這個時候，可以檢查魚隻吃飼料和游泳的方式，甚至體表是否有異常等等。

不要忘記器具的保養

日常檢查只要做到以上說的部分，大致就OK了。接著要考慮的是器具的保養時期和保養方法。

首先是過濾器，這是一開始飼養熱帶魚，就不允許停止運作的器具。因此必須迅速察覺馬達或幫浦的異常。當出現異常聲音或是功率下降時，通常都是它們故障的前兆。為了避免漏掉這些變化，最好經常注意聲音、檢查水的混濁情況等等。

過濾器壞掉了再去買就來不及了，所以必須先準備好備用的幫浦。

還有，水族箱內種植大量水草，枯葉很容易塞在過濾器的吸水口，要記得經常清除乾淨。如果沒有辦法頻繁地清理，可以在過濾器的吸水口裝上前置濾材（使用外掛式過濾器時），或是接上底面過濾（使用上部式過濾器時）。

恆溫器的水中感應器部分，如果長了青苔，感應度會變差，必須定期用紗布擦拭。

如果感應器常保清潔，溫度卻無法維持穩定，就有可能是恆溫器故障了，為了確定是否正常，每天都要使用溫度計做確認。

有些水草必須添加二氧化碳，不然一旦衰弱，就很難再恢復，最好準備一個備用的二氧化碳氣瓶。

還有，如果擴散筒內的二氧化碳急遽減少，很有可能是漏氣，最好檢查一下空氣導管。使用一般的空氣導管通常會漏氣，必須使用二氧化碳專用的空氣導管。

照明的燈管如果髒了，會導致明亮度降低，偶而也要擦拭一下。此時不妨連內側的白色反射板也一起清潔。注意：清潔整理這些器具時，一定要先拔掉插頭。燈管最好每三個月就做一次更換。

CHECK POINT!

每天照顧・檢查的重點

每天看看魚，當有什麼問題發生時，通常能有所察覺。
進一步累積經驗後，也能知道問題是因為疾病引起的，還是因為器具故障引起的。
對魚隻和水族箱的觀察，最重要的就是「經常」和「仔細」。

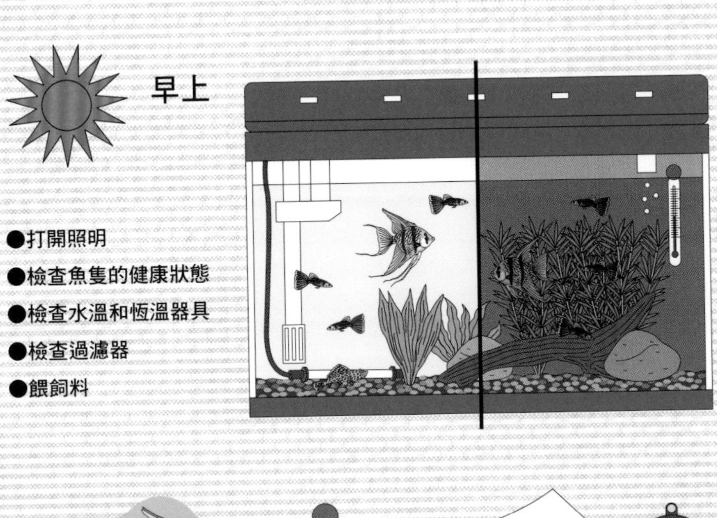

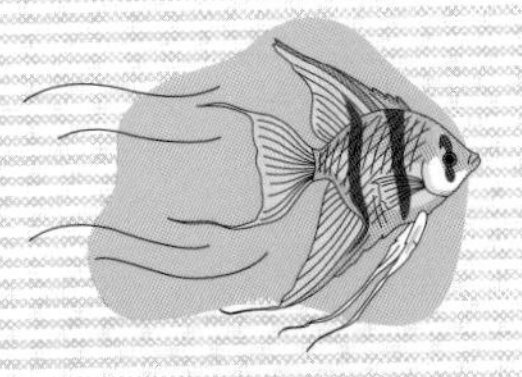

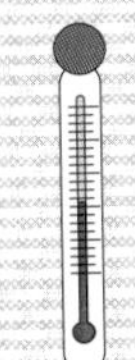

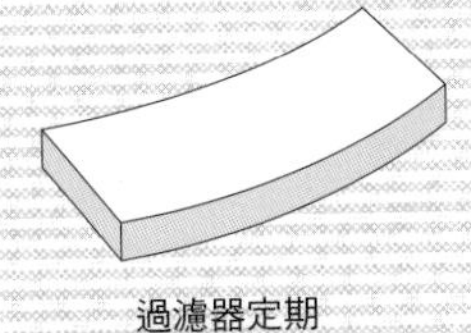

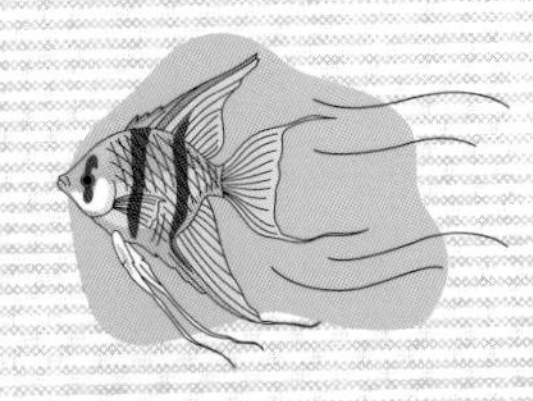

水族箱的換水

影響熱帶魚生命的重要工作

水質管理的基本工作就是為水族箱換水。如果怠忽了，水質會逐漸惡化，破壞精心打造的水族箱。根據家中的水族箱和魚的種類，掌握適當的換水時期，才能度過舒適的水族生活。

知道家中水族箱最適當的換水時期

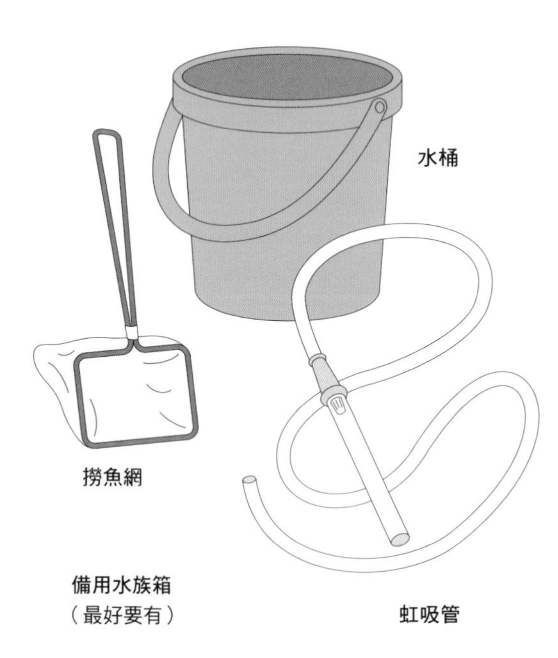

換水的時期，會因為水族箱的大小、魚隻的種類和數量、過濾器的性能、砂子、飼料的品質和餵食量等而有所不同。所以，多久須換水一次，並不是固定的。重要的是，能否保持適合魚隻成長的水質。因此，必須知道自己的水族箱適當的換水時期。

那麼，要如何才能知道水族箱的換水時期呢？

先從知道水族箱的水質變化開始吧！用pH測試器測定是最確實的方法。只要每隔兩到三天測量一次，取得大約三個星期的資料，就可以知道水質變化的傾向。

pH值從加入新水時開始，每天都會逐漸下降。所以變化較少的水族箱，換水的次數也少；反之，假如一下子就下降2個數值的水族箱，就必須經常換水。

當然，水質管理不僅僅是pH值而已，但若是以pH值作為基準，即使是「不挑剔水質的強健魚隻」，也只能接受水質的pH值±2。反之，如果是「無法適應水質髒汙的敏感魚隻」，水質的pH值降低未達-0.5的時候，就該換水了。

POINT

換水是費時又費力的辛苦作業。如果覺得有點勉強，不妨漸漸改成適合自己生活型態的方法。另外，一次將所有的水換掉，導致水質急遽變化，會破壞魚隻的健康。基本上，一次以換掉三分之一左右的水比較適當。

換水的方法

步驟

1.用虹吸管抽出水族箱的水

首先拔掉螢光燈、幫浦、加熱器、恆溫器等的電源，然後用專用的粗濾虹吸管將水抽出。抽水時注意不要將魚和水草等吸出來。

2.將汙物也一起仔細吸出

清除堆積在底砂上的汙物和老舊廢物。如果是專用的粗濾虹吸管，將水抽出時，也能一邊將底砂清乾淨。

3.加入水質調整劑

準備適合魚隻溫度的水，加入除氯劑或水質調整劑，攪拌均勻。

4.將水桶的水倒入水族箱中

避免破壞水族箱的造景，請輕輕地將調整過的水倒入水族箱中，加到足夠的水量。

水族箱的清潔

經常清潔以杜絕青苔

長在水族箱玻璃和底砂上的青苔，不只難看，甚至可能危害水草。不過，只要確實做好日常管理和簡單的水族箱清潔，就可以延緩青苔的發生了。

換水不等於清潔水族箱

有些人以為換水就可以使水族箱變乾淨，其實，換水只是水質管理之一，跟清潔水族箱不同。

過濾器等器具如果正常運作，水族箱並不容易變髒。不過，經常清潔還是可以避免水質惡化，並且還能預先防範魚隻和水草的問題。還有，乾淨的水族箱，觀賞價值比較高，會讓人更想花工夫去整理，進而形成良好的循環。

清潔的要領就是確實做好日常管理，不要讓水族箱變髒。只要水質良好、水草健康成長，就可以減少青苔的發生。

重點是經常清除玻璃上的青苔

最令人在意的，就是水族箱玻璃上的青苔了。

市面上販賣的除青苔工具，有磁鐵式像板擦一樣的或專用海綿等，不過使用稱為刮刀的塑膠板，更能輕易地去除頑固附著的青苔。壓克力之類樹脂製的水族箱很容易刮傷，清除時一定要慎選工具。

另外，市面上有販賣許多抑制青苔發生的添加劑或過濾材，可以選購來配合家中的水族箱使用。

玻璃外側也會被水滴或是灰塵等弄髒，使用清潔劑可以使玻璃變得晶亮，但要小

可以徹底刮掉青苔。
Flex Scraper／（股）Flex

用來去除青苔和汙垢。
Moss Buster Long／（股）GEX

抑制青苔的發生。
可預防青苔的Algae Block／（股）GEX

青苔發生的原因

青苔發生有幾個重要原因，如果有符合以下項目的，請試著盡早改善，應該就能減緩青苔的生長。

- 過度餵食
- 過濾器的功能降低
- 螢光燈的照明時間太長
- 飼養的魚隻過多
- 沒有換水
- 沒有清潔底砂
- 水草的肥料過量

心，別讓洗劑進入水族箱裡面了。

玻璃蓋如果髒了，會吸收掉照明的光，可以使用沾有洗碗精的海綿清洗。但合成清潔劑和肥皂都是熱帶魚的大敵，一定要非常仔細地沖洗乾淨。

●青苔的種類

青苔的名稱	特徵	對策
矽藻類	呈褐色爛泥狀。大多因為過濾器的細菌沒有充分發揮作用而產生，是比較初期階段發生的青苔。	換水。使用水質調整劑等讓水質呈弱酸性，就可以抑止青苔的生長。此時也不要忘了顧及飼養的魚隻。
藍藻類	呈深綠色膜狀，有難聞的氣味。因為形成膜狀，可能纏覆在水草上，造成水草枯死。	定期清除底砂中的泥質，注意改善水質。此外，也可能是飼養的魚隻數量太多了，不妨減少一些。
絲狀藻類	呈綠色或黑色等各種顏色，細絲狀的藻類。	一旦發生就很難處理，如果是在初期發現，可以換水或是飼養大和沼蝦將青苔吃掉。一定要注意預防。
水綿	細長形的綠色藻類。增殖後會形成塊狀，擴散到整個水族箱。	換水時將水綿吸除乾淨。還有，買回來的水草或岩石等裝飾品，一定要清洗乾淨後才放入水族箱中。

STAGE 4

底砂的清潔

底砂的髒汙異常顯眼

魚隻吃剩的飼料和糞便、水草的碎葉殘枝等，底砂上面充滿著汙物。如果置之不理，不僅影響美觀，還會導致青苔發生。只要發現了，即使只是一點點，也要把它撈起來。

底砂髒汙會導致水質惡化

你可能會感到意外，底砂的汙垢也是造成水質惡化的重大原因！這是因為砂子本身很細小，互相重疊會形成小小的縫隙，進而容易堆積魚糞和飼料殘屑等。

還有，水幾乎沒有在底砂部分循環，當然容易髒汙了。

但是，如果經常從水族箱中將砂子取出清洗，實在太費工費時了。這裡為你介紹日常的整理方法。

首先，使用撈魚網撈起浮在水裡面的汙物，接著用最小號的撈魚網，將底砂上的汙物輕輕翻起，再將底部堆積的汙物撈起。

如果長期使用底部式過濾器，汙物可能會塞在砂子的縫隙並結成塊，造成水流不暢通。這時使用稍粗的鐵絲戳砂子，就可以使水流暢通。

還有，有時只是想要清潔底砂，但是使用撈魚網攪動水後，卻讓水質變得混濁，或是連水草也拔了出來。可以的話，換水的時候，在虹吸管前端裝上粗濾器，就可以將砂中的汙物連同水一起吸出來。

●用撈魚網撈出大型汙物

●清除底砂中阻塞的部分

●用虹吸管清除底砂的汙物

水族箱周圍的清潔

整理與收拾可以避免問題的發生

忙於日常管理，不經意就忘了水族箱周圍的清潔。但是，既然是精心打造出來的漂亮水族箱，周圍當然也要用心收拾、整理，預先避開問題的發生。

灰塵會造成漏電和短路

過濾器和照明器具等電器用品，一旦插電後，幾乎不會再將插頭拔掉。而且，插頭和電線大多收在看不到的地方，經常堆滿灰塵，這容易造成漏電和短路，因此必須偶而拔下插頭，用乾布擦拭乾淨。

有些機種的空氣幫浦，底部附有氈狀濾材。長時間使用會因阻塞而變成黑色，必須經常更換。

另外，雖然水族箱看起來很堅固，但是遭到硬物碰撞，玻璃還是很容易破裂。所以請將水族箱周圍收拾乾淨，避免擺放太多的東西。

如果水族箱出現裂痕……

不管多麼小心，水族箱還是可能因為地震之類的意外事故而出現裂痕。最好先知道因應方法，以免到時候慌張失措。

1. 將所有器具的插頭拔掉
2. 將魚和水草移到其他的容器
3. 立刻購買新的水族箱

●注意插頭周圍的灰塵

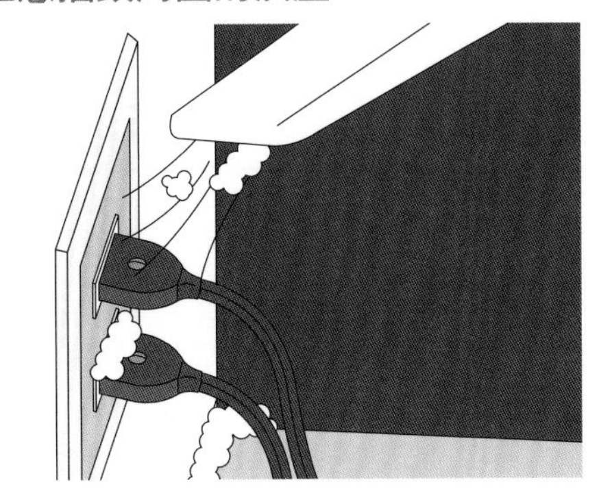

●將水族箱的玻璃擦乾淨

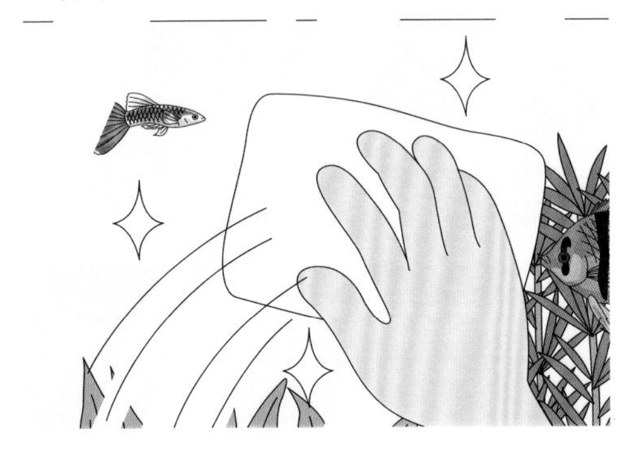

●不要放置重心不穩的物品

水質每天都在發生變化

要做水質管理，首先必須知道水族箱內的水有怎樣的變化。

●水不新鮮，就會變成酸性

隨著汙物等有機物的分解，水族箱的水質會從設置的pH值漸漸轉變成酸性。如果一直不做處理，將破壞魚的體表和魚鰓。最好從開始飼養時，就使用pH試紙或測試器檢測水質。

●氮化合物的濃度升高

飼養魚隻，有害物質氮化合物會持續增加。當魚隻數量超過過濾器的性能負擔時，只要發生過濾器阻塞之類的小狀況，都會使濃度產生大變化。

尤其是在鹼性水質下進行飼養的時候（非洲慈鯛等），氮化合物的毒性明顯比中性或酸性水質高出很多，必須特別注意。

●氧氣不足

食物殘屑或是屍骸腐敗後繁殖的多種細菌，會消耗掉水中的氧氣，造成魚隻缺氧。

另外，當飼養的魚隻超過過濾器或水族箱的容許量時，也可能引起缺氧。

這個時候，魚隻就會不穩定地游在水面處，加速呼吸。如果出現這種狀況，要立刻用空氣幫浦送入空氣和進行換水。

只是，換水對魚隻造成的傷害也很大，必須非常小心。

撈魚的方法比你想的還困難

清潔水族箱的時候，把魚移到其他的水族箱中會比較容易作業，這個時候就必須撈起魚隻，不過活潑的魚隻或小型魚等會躲在水草中，讓撈魚工作變得非常困難。這個時候，準備好撈魚網和塑膠盒，再用撈魚網將魚趕進塑膠盒中，會比較容易撈起。還有，怎麼做都無法順利撈起時，可以關掉照明，等魚睡著後再進行。

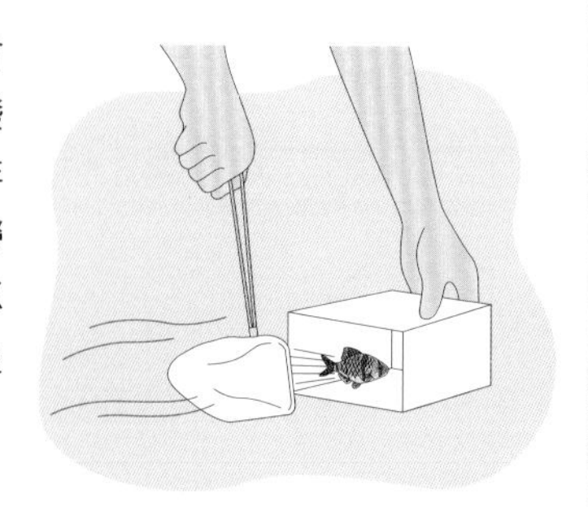

Chapter

[第6章]

熱帶魚和水草的照顧

每天餵飼料。
水草長了就做修剪。
這些照顧，都可以使你對水族箱的熱愛更加深厚。

飼料的種類和餵食方法

配合魚隻特性選擇飼料

餵魚吃飼料，可能是飼養熱帶魚中最快樂的事情了。但是，飼料的種類和餵食方法，也可能出問題。必須具備正確的知識，來度過這段快樂的時光。

飼料並不是有得吃就好

目前市面上販賣的熱帶魚用飼料種類繁多，針對不同魚種或不同用途的機能商品也不少。這些商品都會標明適用的魚種和用途，可以參考說明來選購。飼料有主食和輔助食品之分，只使用主食就足以飼養魚隻了。輔助食品因為營養不均衡，一定要和主食並用。

大部分的飼料都會因為氧化而導致品質惡化。因此不要因為便宜而大量購買和囤積。一次的購買量以兩到三個星期可以用完為標準，快用完再買，不要囤貨。尤其是輔助食品，和主食比起來，使用量不大，最好少量購買，以免造成浪費。原則上，主食和輔助食品在開封一個月後，就不要再餵給魚吃了。

魚食性・肉食性魚的餵食

中、大型鯰魚或稱為古代魚的族群中，有很多都是魚食性的。一般大多餵食牠們金魚或是鱂魚，並不是因為營養特別均衡、豐富，而是容易購買得到。

因此，如果是吃金魚的魚食性魚，可以每週餵食兩到三次的黑腹鰯或麥穗魚，使營養更均衡。另外，餵食小型的魚食性魚，除了給予鱂魚，也可以餵食唐魚。

有些魚種，可以餵食昆蟲或小型青蛙，而這些活餌在被餵食前，最好也先攝取充足的營養。此外，如果是餵食金魚，為了預防病原體進入水族箱中，可以對金魚進行兩到三天的藥浴，此期間最好也給金魚吃營養價值高的飼料。

如果是餵食絲蚯蚓或活的紅蟲，因為有

孔雀魚和滿魚大多游在水族箱的上層，所以喜歡漂浮型的飼料。

剛果霓虹和神仙魚等會游在水族箱的中層，因此要餵容易下沉的飼料。

病原體或寄生蟲混入之虞，可以事先將寄生蟲驅除藥加入飼養水中，或是將活餌充分洗淨後再餵給魚吃。

餵食以少量為基本

新手往往會不知不覺地餵食過量，這種狀態如果長期持續，魚隻的排泄物和食物殘屑就會超過過濾能力，導致水質惡化和青苔異常繁殖等問題發生。還有，魚隻也會變得消化不良和肥胖，一點好處也沒有。想要預防上面的情形發生，最重要的是知道適當的餵食量。不同種類的魚，食量也不同，你可以先試著餵給魚隻你認為適當的飼料量，然後觀察魚的狀況約三分鐘。如果三分鐘後飼料仍有剩，就要減少餵食量；反之，如果約一分鐘就吃光光，就要增加餵食量。如果是吃薄片或顆粒狀飼料的魚種，基本上一天要餵食兩到三次這樣的量；吃稍大顆粒飼料或魚食性的魚，則是一到兩次。

旅行或出差無人在家時，可以利用市面上販賣的自動餵食機。但是餵食的量應設定為平常的一半，一天一到兩次。還有，如果只是兩到三天不在家，只要不是幼魚，就算不餵食，通常也不會有問題。

七彩神仙魚要餵通稱七彩神仙漢堡的專用飼料。

黑線飛狐和異型魚類等，習慣啄食沉在水底的東西，可以餵食又硬又大的飼料。

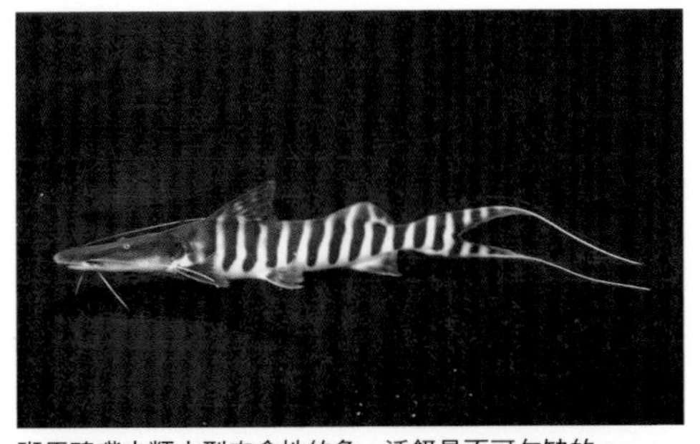

斑馬鴨嘴之類大型肉食性的魚，活餌是不可欠缺的。

肉食性的龍魚幾乎只吃活餌，飼料費不便宜，是「奢侈的熱帶魚」。

各種飼料

配合飼料

薄片飼料

小型熱帶魚用飼料的代表，大多是投入後會在水面上漂浮一會兒的飼料，適合游在表層到中層的魚種。雖然嗜口性稍微不足，但是消化、吸收佳，種類也豐富，可以根據各魚種，選擇適合的產品。

- 日光燈
- 孔雀魚
- 三角燈
- 銀燕子
- 四間鯽

顆粒飼料

下沉性比較強，適合游在中層到低層的魚種。和薄片飼料相比，稍微不易溶於水，所以比較不會弄髒水質。顆粒的大小不一，可以選擇適合飼養魚種的產品。

- 剛果霓虹
- 斑馬雀
- 神仙魚
- 銀鯊
- 花鼠

棒狀顆粒

適合中型到大型的雜食性魚種。有上浮型和下沉型兩種，購買時必須確認清楚。和活餌比起來，嗜口性比較差，有些魚種可能需要一段時間才能習慣。

- 德州豹（成魚）
- 紅豬（成魚）
- 古代戰船（成魚）
- 胭脂魚（成魚）
- 皇冠六間（成魚）

錠片

適合游在低層的魚種和會啄食定沉物的魚種。不容易造成水質惡化，最適合花費較長時間吃飼料的魚種。餵食異型魚時，最好選擇富含植物成分的產品。

- 哥倫比亞白金皇冠豹
- 皇冠琵琶異型
- 麥氏擬腹吸鰍
- 小精靈

急速冷凍乾燥蝦（磷蝦）

將磷蝦冷凍乾燥加工製成，量多且價格便宜。大多用來作為大型魚的飼料，但是不太好消化，最好不要餵給剛買回來、身體狀況還未回復的魚。

- 花羅漢
- 皇冠三間
- 皇冠飛刀
- 泰國虎
- 射水魚

冷凍飼料

冷凍漢堡

主要作為七彩神仙魚的飼料，也可以餵食其他的慈鯛類。製作時有含活餌一起下去冷凍，因此容易造成水質惡化，必須注意餵食的量和次數。

- 七彩神仙魚

活餌

絲蚯蚓

營養價值比較高，嗜口性也佳，對於幼魚和偏瘦的魚很有效果。可能混雜寄生蟲，必須非常注意。一般家庭不太容易保存，最好只購買兩天左右的使用量。

- 露比燈
- 七彩神仙魚（幼魚）
- 三線叩叩魚
- 藍鑽石紅蓮燈
- 花鼠

蟋蟀

飼料用昆蟲的代表，有各種體型，很容易買到。會活潑地動來動去，因此嗜口性高，營養價值也很高。死蟋蟀的嗜口性會大大降低，看到死亡後浮在水面的蟋蟀，必須迅速清除。

- 射水魚
- 黑帶
- 亞洲龍魚

金魚

金魚身上可能帶有熱帶魚會罹患的各種疾病和寄生蟲，盡量做過藥浴後再餵食。可以配合飼養魚隻的大小來挑選金魚，有時也可以餵給黑腹鱊或麥穗魚等。

- 斑馬鴨嘴
- 紅尾鴨嘴
- 泰國虎
- 芝麻肺魚

鱂魚

餵食方法和金魚相同，但也可以餵給魚食性的小型魚種。唐魚可以用來取代鱂魚，對於餵食鱂魚仍嫌太大的魚，最好改餵給唐魚。

- 皇冠飛刀（幼魚）
- 皇冠三間（幼魚）
- 七彩海象
- 大花恐龍

STAGE 2

魚隻的飼養方法和繁殖

整理好環境，向繁殖挑戰

觀賞熱帶魚游泳的樣子，是件快樂的事，但是也只有在確實做好水質管理和健康管理之後，才能享有那樣的快樂。只要維持對魚隻而言舒適的環境，就連繁殖也非夢事。

最重要的是注意魚隻的健康管理

要健康地飼養熱帶魚，有幾個重點。

●不要改變環境

對於熱帶魚來說，環境的改變是很大的壓力。不只是水溫和水質，水族箱周邊也要盡量保持相同的狀態。

●規律的日常生活

魚和人類一樣，沒有規律的生活會形成壓力，損害健康。盡可能做到每天在相同的時間打開照明、餵食以及熄燈。如果很難做到，可以考慮使用二十四小時計時器，以減少魚隻的負擔。

●注意水族箱內的協調

魚隻的密度和組合必須適當。在過密狀態下飼養魚隻，不只會形成壓力，也會加速水質的變化，讓疾病迅速傳染給其他的魚隻。另外，即使是理論上沒有問題的魚隻組合，也可能因為個體的性格而無法相處。因此，每天都要仔細觀察水族箱內的情況，如果有需要，最好準備其他的水族箱，採取分開飼養，直到魚隻穩定下來。

●餵食優質飼料，只給需要的量

飼料的質和量，對於魚隻的健康有非常重要的影響。持續餵食劣化和營養不均衡的飼料，魚會變得容易生病。

除了注意飼料的保管場所，如果覺得魚隻失去活力，可以嘗試給牠其他的飼料，這些細微的照顧都很重要。還有，不妨搭配比重不同的飼料，每次撒下少量，使所有的魚都能吃到飼料。

●配合魚隻的水族箱造景

和人類一樣，魚也有各種不同的個性，因此必須配合魚隻的個性來布置水族箱。例如：個性膽小的魚，可以為牠打造岩石陰暗處或水草等稍微隱蔽的場所。飼養活潑的大型魚時，使用沉木或岩石的複雜造景，可能造成魚隻擦傷，必須盡量避免。

為了讓魚隻能在水族箱內舒適生活，應該配合大小和性格使用適合的材質，打造一個安全又美麗的造景。

繁殖並不是很困難的事

清楚日常管理、換水時期和餵食方法及週期後，就可以試著向繁殖挑戰。在自己打造的水族箱中看到生命的誕生，是飼養熱帶魚的樂趣，可以讓你更加感受到日常管理的價值。

說到繁殖，不同種類的魚，繁殖行為和產卵方法也有所不同。首先必須確實掌握想要繁殖的魚隻生態。

繁殖的第一步，從好的配對開始。盡可能多買幾隻魚，然後等待魚兒自己配對。只是，即使配成對了，如果雄魚和雌魚的發情期不一致，就可能會看到雄魚戳啄雌魚，或是咬碎雌魚魚鰭的情況，這時，必須將其中一隻移到其他的水族箱中，直到彼此適合的交配時期到來。

混合飼養時，稚魚和卵可能會被其他的魚吃掉，必須先準備好產卵盒或繁殖用的水族箱。

此外，有些卵生魚繁殖時需要產卵床，必須盡早準備。

每個人都很嚮往繁殖一次七彩神仙魚。用體表泌出的乳汁餵食稚魚的姿態，充滿著神祕感。

●建議進行繁殖的魚

鱂科	滿魚、劍尾魚、孔雀魚
鯉科	櫻桃燈、斑馬魚、唐魚
攀鱸科	泰國鬥魚、電光麗麗
慈鯛科	神仙魚、七彩神仙魚
其他	七彩霓虹、燕子美人、銀水針

KILLIFISH

鱂科的魚類

飼養方法

鱂科的繁殖型態分為卵胎生以及胎生兩種。孔雀魚之類卵胎生的鱂科魚種，大多體質比較強健，只要備齊基本器具，任何水族箱都可以飼養。照顧上也是只需做好基本工作即可，就算是新手也能安心飼養。尤其是孔雀魚，容易入手又美麗，繁殖也很簡單，極受新手歡迎。只是牠美麗的尾鰭常常遭戳咬，必須慎選一起混養的魚隻。

有些鱂科魚種無法適應水質或水溫的急遽變化，還有原本生活在半淡鹹水域的品種也不少，飼養時必須注意水質管理。

孔雀魚和滿魚等卵胎生鱂科魚種，配對飼養後會不斷交配，生出稚魚，可以輕鬆享受到繁殖的樂趣。但是如果想要維持美麗的品種，就必須做有計畫的繁殖。

繁殖

新手如果想要挑戰繁殖，在卵胎生鱂魚中，最推薦的是頗具繁殖力的滿魚。卵胎生鱂魚是由雌魚在腹中將卵孵化，以稚魚的狀態產下，所以必須準備市面販售的產卵盒。還有，因為牠的稚魚比較大，只要餵食市售的稚魚用配合飼料就可以了。

即使只飼養單種魚，親魚還是可能把稚魚吃掉，所以要為稚魚準備專用的保育水族箱，將稚魚集中在裡面飼養會比較安心。

飼養的是孔雀魚時，如果沒有秩序的繁殖，不管親魚多麼漂亮，產下的也都會是接近原種的魚，完全失去了品種改良的意義。因此，如果想要讓稚魚繼承親魚的美麗，首先，當稚魚在保育水族箱中長到可以分辨出雌雄的階段時，就要將牠們分開然後再根據顏色和形狀細分，從中選擇出喜歡的來進行配對。

注意：相同親魚的子孫連續交配，美麗的魚隻會減少，或是容易產出罹病的稚魚，所以有時候也要購買新的成魚加入。

卵胎生鱂魚的雌雄分辨方法

CHARACIN

脂鯉科的魚類

飼養方法

小型脂鯉群游時，更能增添牠的美麗，可以的話，最好飼養十隻以上。

飼養裝置和水族箱的大小並沒有特別的規定，但若是飼養體型小的魚，水流太強的過濾器並不適合。

還有，整體來說，脂鯉科的魚類不耐高溫，水族箱最好放置在家中最涼爽、溫度變化小的地方。家中無人時，室溫最好也保持在28度以下。不過，在21～23度左右的水溫下，魚隻容易罹患白點病，必須做好預防和早期發現。

紅腹食人魚之類中、大型魚，成長後會變得比較大，需要較大的水族箱。肉食魚必須餵活餌，若有吃剩的殘餌，每次都要清理乾淨，還有最好使用外掛式或上部式的過濾器，比較方便清潔，其他器具則沒什麼特別要求。

繁殖

想要繁殖脂鯉科的魚，需要產卵用的水族箱，也可以用塑膠盒代替，再放入水草或是煮沸消毒過的棕櫚皮。

當好幾隻雄魚似乎總是追著腹部隆起的雌魚跑時，就可以把這一群魚全部移到產卵用的水族箱去，大概一到兩天後，雌魚便會將卵散布地產在水草上。

等雌魚產卵完成後，再將這些魚移回到原來的水族箱中。

種類不同多少會有差異，不過大致上都會在產卵後一天左右開始孵化，一星期到十天左右就會活潑地游來游去。

剛開始的時候，稚魚會害怕待在明亮的地方，最好放在光線稍暗處。一開始游泳後就可以餵食，最初可以餵纖毛蟲，稍微長大後餵豐年蝦，再更大後就可以餵稚魚用的配合飼料。

如何培養纖毛蟲

纖毛蟲指的是草履蟲、輪蟲，市面上沒有販售，必須自己培養。

首先，把已經將氯中和過的水倒入塑膠盒中，然後加入少量奶粉之類有營養的東西，再放進水草葉子，讓其浮在水面上。三到五天後，水草的周圍就會出現白色模糊不清的東西，這裡面就有很多纖毛蟲，可以用玻璃吸管吸起來餵給稚魚吃。

CICHLIDS

慈鯛科的魚類

飼養方法

慈鯛科有許多外形極具特色的魚，像是被稱為熱帶魚之王的七彩神仙魚，以及最具代表性的神仙魚。

種類豐富也是牠的特色，從新手也能比較容易飼養的朱魯帕里寶石和神仙魚等，到甚至老手也會感到束手無策的七彩神仙魚和短鯛，各式各樣、應有盡有。

如果飼養的是作為觀賞用的中、小型魚隻，純粹享受魚隻優游的樂趣，用種植一般水草的水族箱飼養也沒關係；如果考慮繁殖，或是對水質挑剔的魚，建議使用90cm以上、空間較寬敞的水族箱飼養。

我們可以在慈鯛科大部分的魚產卵後，觀察到親魚照顧卵或是稚魚的樣子。這也是牠們的魅力之一。

繁殖

一次購買十隻左右，等待自然配對。

有些品種的魚在配對後會主張地盤，如果出現這樣的行為，就要移到產卵用的水族箱中。

大部分的魚在產卵後會自己照顧卵，但是有些品種可能在中途就將卵和稚魚吃掉。

不過，只要持續將親魚放在產卵用的水族箱中，產過幾次卵後，親魚自然能學會育兒，因此飼主就靜靜地在旁觀察吧！

產卵幾天後，就會孵化。慈鯛科的魚，育兒的行為極具特色，也是繁殖的樂趣之一，希望飼主能夠靜靜地觀察。

孵化後約一個星期左右，稚魚就能游泳了。進入這個階段，可以每次餵食極少量的豐年蝦或稚魚用的配合飼料。

到了稚魚能自由的到處游動，親魚的注意力便會從稚魚身上離開，這時就可以讓親魚回到原來的水族箱中。

如何培養豐年蝦

豐年蝦是指生活在鹽湖中的浮游生物幼體。牠的卵在乾燥狀態下也不會死亡，因此能在水族店中購得。只要把卵放進3%的食鹽水中，大概一個晚上就會孵化，然後便可以用玻璃吸管吸取，餵食稚魚。

豐年蝦具有向光性，當分散四處，用玻璃吸管難以吸取時，只要將周邊弄得昏暗，用光線照在容器的一處就可以了。

LABYRIMTH FISH

攀鱸科的魚類

飼養方法

攀鱸科魚類的特色，是魚鰓處擁有名為迷鰓器官的呼吸器官。迷鰓器官可以吸入空氣來取得氧氣。也就是說，可以承受缺氧的狀態。

因此，只要做到定期換水，冬天寒冷時期使用保溫器具，像鬥魚一樣體質強健又容易飼養的魚種，是不需使用其他任何器具就能夠飼養的。

不過，攀鱸科中必須注意的也是鬥魚。

若將雄性鬥魚一起飼養，牠們會開始打架，因此雄魚必須單獨飼養。

另外，如果合不來，雄魚也是會對雌魚發動攻擊，所以考慮繁殖時，必須將雄魚和不同的雌魚個別相親，找出最合得來的雌魚配成對。

繁殖

配對成功後，可以把牠們移到水面浮有許多鹿角苔、水溫調到25度左右的繁殖用水族箱中。攀鱸科魚隻的繁殖行為大致分為兩種。

大部分是像絲足鱸（麗麗魚）和鬥魚一樣，由雄魚製作泡巢，引誘雌魚進入，然後雄魚會好像纏捲住雌魚的身體那般，使雌魚產卵。

水流如果太強，泡巢會遭到破壞，建議使用海綿過濾器之類水流較弱的過濾器比較適當。

另一種則是採取口孵的方式，雄魚會將雌魚產下的受精卵放入口中，守護到卵孵化為止。

只是，雄魚有時也可能將嘴巴吐出來的稚魚吃掉，所以卵在口中一到兩個星期後，估計差不多已經孵化時，就要強制雄魚將稚魚吐出來，並且將稚魚放入繁殖用的水族箱中飼養。

不管採取哪一種生殖形態，在卵孵化成為稚魚之前，親魚都會好好照顧，飼主大可以安心。

稚魚一開始的食物是纖毛蟲，等到稍微成長後，可以餵食豐年蝦。

雄魚如果想吃稚魚，就要讓牠從嘴巴吐出來。

CARP&LOACH

鯉科・鰍科的魚類

飼養方法

在鯉科和鰍科中，有號稱比金魚更容易飼養的唐魚，體質強健，繁殖也很簡單，經常被介紹給熱帶魚新手作為入門種。

還有，即使是三角燈之類比較敏感的魚隻，只要能夠做好部分性的換水、保持弱酸性水質等基本的管理工作，飼養起來也不會太困難。

只是，不管怎麼說，鯉科和鰍科的魚比較喜歡舊的水，所以換水的時候，可以先將其他的魚放入新換好水的水族箱中，等到水質比較穩定時，再將這些魚移入，應該可以減少牠們的壓力。

不過，四間鯽之類的魚會對長魚鰭的魚隻發動攻擊，因此必須好好選擇一起混養的魚種。

銀鯊等受到驚嚇時會撞擊水族箱的玻璃，必須將水族箱放置在沒有巨大聲響或震動的地方。

有些喜歡在砂底附近游泳的魚，餵食上不要忘了考慮飼料的種類和比重問題。

繁殖

飼養十隻左右的魚群，雄魚就會追著腹部隆起的雌魚跑。鯉科魚類在進行繁殖行為的時候，體色會發生變化，非常美麗。如果想要進行繁殖，絕對不能錯過這種婚姻色。

將配成對的魚移到種植許多水草的產卵水族箱中，雌魚就會開始在產卵床上產卵。

唐魚不會吃掉卵和稚魚，所以不需要太快將親魚移回原本的水族箱中，但是唐魚以外的魚，最好在產卵完成後立刻和卵分開。

通常魚卵在產下一到兩天後就會孵化，不久稚魚就開始會游泳。一開始餵給稚魚的食物是纖毛蟲，等到稍微成長，嘴巴可以張大後，再餵給豐年蝦。

唐魚的性格溫和，繁殖力也強，只要在某種程度的大型水族箱中種植許多水草，牠就會自然產卵，然後孵化的稚魚會吃水族箱中的微小生物成長。

飼主完全不需要介入，又能夠近距離觀賞遵循大自然運行的繁殖方式，也是樂趣的一種。

CAT FISH

鯰科的魚類

飼養方法

鯰科的魚，從新手也能輕易飼養的強健品種，到專家依然感到棘手的品種，種類超過數千種。

鼠魚很少會去招惹其他的魚隻，喜歡在水族箱的底部生活，大多數的品種都可以和除了大型魚以外的其他任何魚隻混合飼養，這也是鼠魚吸引人的地方。也就是說，牠是混養水族箱中不可欠缺的角色。

還有，許多人會為了清除水族箱的青苔而專門飼養小型的異型魚。其實異型魚的生態、外貌和顏色都非常獨特，有些人甚至會將此品種作為主要的飼養魚種，而非用來清除青苔。

至於大型的異型魚，雖然是草食性，卻是大食客，會把水草吃光光，所以水族箱造景最好以岩石和沉木為主。

異型魚的身體被骨骼覆蓋，當因食物不足而變瘦時很難被發現，所以有時候要觀察牠的腹部，檢查是否有凹陷的情形。

如果想要打造鯰科魚隻專用的水族箱，可以鋪上較細的河砂，將寬葉水草種在小培植甕後，放在水族箱底部，就可以避免傷到鯰科魚隻的鬍鬚。

當然，也可以將水草直接種在大磯砂上。

大型鯰科魚隻的力量很大，可能會破壞了精心打造的布置，甚至撞裂水族箱。因此，水族箱和使用的器具，都必須挑選堅固耐用的。

繁殖

鼠魚的產卵和其他的魚不同，非常獨特，很值得一看。請準備產卵專用的水族箱，以及種植寬葉水草作為產卵床。

當雌魚開始抱卵，雄魚就會追在雌魚的後面跑。如果配成對，便移到產卵水族箱。

習慣產卵水族箱後，雌魚會開始用自己的嘴巴採取雄魚的精子，然後將精子沾在水草上，接著在上面產卵。

雌魚會反覆進行這個產卵行為，分成好幾次產卵。

產卵完成後，就可以將親魚移回原來的水族箱中。另外，如果是在專用的水族箱中產卵，可以將附上卵的水草移到其他的水族箱中。

產卵後三天左右，就會開始孵化。當稚魚開始游泳，就能餵食稚魚用的配合飼料。

ANCIENT FISH

古代魚類

飼養方法

有活化石之稱的古代魚中，最常見的就是龍魚。

熱愛龍魚而開始飼養熱帶魚的人應該很多吧！不過，飼養時必須有相當的覺悟。因為龍魚成長後可長達1m，所以幼魚的時候雖然可以使用60cm的水族箱，但是隨著成長，會需要90cm、120cm的水族箱，最後必須要用180cm的。

而且，因為體型較大，可能會破壞過濾器的吸入口或出口、加熱器、恆溫器等，因此需要使用保護配件。

不僅限於龍魚和雀鱔，吃剩的飼料和糞便全都必須隨時處理。因此在設備和日常管理上都需有相當的覺悟和努力。但是，只要看著龍魚悠然游著的樣子，相信也能獲得相對的滿足感。

被稱為古代魚的魚，大多屬於魚食性，必須慎選混養的魚種，不過如果都是古代魚，大部分可以一起混養。

一般來說，市面上販賣的大多是稚魚或幼魚，購買時，不要挑選魚體偏瘦的。

魚食性的魚一旦瘦下來，通常必須要相當長的時間才能回復到原來的狀態。因此必須餵給足夠的食物，確實做好水質管理。

繁殖

龍魚類會進行口中孵化。當配對成功，進入產卵行為，就可能輕易的進行繁殖，不過古代魚的壽命通常比較長，所以需要非常長的時間才會成熟。幾乎所有的品種都要到五歲以後才能在性方面發育成熟。

另外，繁殖龍魚，水族箱的容積必須要有2000～3000公升，設備方面也需要大型器具。

一般人想要進行繁殖，可以說是非常困難的。

不過，恐龍魚類就有繁殖成功的例子，水族箱的容積也只須要300公升，是繁殖古代魚的入門魚。

雖然都稱為古代魚，卻有各種不同的品種，請先針對該品種作足功課，具備充分的知識，才能成功繁殖。

OTHERS

其他的魚

飼養方法

其他魚類中，最受歡迎的彩虹魚類棲息在巴布亞新幾內亞等大洋洲區域的島嶼，因此很容易被認為是半淡鹹水魚。

其實該魚種有很多都生活在淡水域中。千萬不可自己擅加判斷，購買時務必詢問清楚店家飼養的水質和棲息地域，配合魚隻做好水質管理。

即使是可以飼養的魚隻，如果考慮到繁殖，有些魚種多少還是需要一點鹽分會比較好，請跟店家詢問清楚。

如果是淡水魚，可以和其他的魚一起飼養。除了同種之間會有爭鬥，基本上屬於比較溫和的種類，因此可以挑選個性溫和的魚混養。

美麗的外貌是彩虹魚的魅力所在。其他的魚大部分都像電光美人和燕子美人一樣，牠們游泳的姿態，總讓人看著、看著就忘記了時間。

其他魚類中，有很多極富變化的魚，例如：枯葉魚，只要靜止不動地待在水草或水族箱的底部，就能完全擬態成樹葉，相似到幾乎讓人無法分辨。到底該挑戰飼養哪一種魚好呢？這真是一個讓選擇也變成樂趣的族群。

繁殖

其他的魚中有各種不同的魚種，比起飼養，鹽分濃度更是繁殖的關鍵。即使是可以用純淡水飼養的魚，如果想要繁殖，最好提高鹽分濃度，可能會讓魚比較容易融入繁殖環境中。另外，必須根據各種不同的魚種來進行水質管理。

大部分的彩虹魚類，都可以依照顏色和體型的差異來辨別雌雄，新手也很容易進行繁殖。因為體型非常小，必須餵食稚魚纖毛蟲，而能否有效的保存纖毛蟲，就成為繁殖彩虹魚時的重要因素。

將配好對的魚放進已經調好鹽分濃度的水族箱中，牠們就會分數次隱藏在水草處產卵了。

雖然不是所有的魚種都會吃掉魚卵和稚魚，但為了安全起見，產卵結束後，最好還是將親魚放回原來的水族箱中。

STAGE 3

魚的疾病和處理方法

學習適當的處理方法

和飼養其他的動物不同，每個養魚的飼主都必須擔任起醫生的職務。確實學習疾病和治療的相關知識，才能有助於冷靜判斷疾病和訂定治療方針。

一發現異常，就要採取行動

早晨，打開照明或是餵飼料的時候，觀察魚隻，有時可能會覺得魚的樣子和平常不太一樣。

不過，那是疾病的症狀？還是魚隻常有的情況？通常難以判斷。

新手遇到這種狀況時，通常就算覺得有異常，也不會採取立刻行動，而是想再多觀察一下。

但是，當出現因細菌等寄生而產生的症狀時，如果不盡早處理，不只該魚隻的情況會惡化，整個水族箱也會遭到汙染。

不是要你過度擔心，不過也請不要忘記了，「觀察情況」等同什麼事都沒做、放著不管一樣。

當你覺得有什麼異常變化的時候，最好查閱書籍或是請教水族店，確認是不是魚隻生病了。

請牢記，飼養魚隻最重要的就是「一邊觀察情況，一邊開始行動」。

有些環境容易導致魚隻生病

剛開始飼養熱帶魚的時候，通常會非常注意水質和水溫等日常管理，以及每天檢查魚兒是否健康地游來游去。不過，逐漸習慣飼養後，飼主的作業就會漸漸變得疏鬆，也就進而創造了魚兒容易生病的環境。

但是，就算確實做好日常管理，病原菌也還是有可能在稍微不注意的情況下，入侵水族箱中。以下列出六點特別需要注意的事項，當有情況出現的時候，請仔細觀察魚隻的狀況，以便早期發現疾病。

①將新買的魚和水草放進水族箱時

新的魚隻和水草可能帶有病原菌或病原蟲，因此放入水族箱後的一到兩個星期，都要仔細觀察。將野外採集回來的魚放入水族箱時，一定要先進行藥浴（參照173頁）。

②餵給活餌時

作為活餌的生物也有將病原菌或病原蟲帶入水族箱的危險；用來清除青苔的蝦類和貝類也必須注意。

③水溫急遽變化時

加熱器故障或是換水時溫度調錯等意外事故，導致水溫大幅變化，可能讓病原菌或病原蟲開始活動，甚至使魚隻本身的狀況也遭到破壞，因而變得容易感染。

④水質惡化時

當水質變得適合病原菌或病原蟲活動的同時，魚的體力也會衰退，進而提高了魚隻生病的機率。還有，如果怠於換水和清潔，會產生水黴菌等有害細菌。

⑤魚隻受傷時

遭到其他魚隻的戳咬，或是用撈魚網撈魚，都會使魚的體表保護膜剝落，變得容易感染細菌和黴菌。

⑥魚隻體力衰退時

不管水族箱內有多少病原菌，只要魚隻有體力，就不容易生病。但是當魚隻體力衰退，或是感受到過度壓力的時候，就容易發病了。

魚病藥的種類

基本上，魚的藥物分為內服用和藥浴用兩類。不過，這兩類又各自有好多種製品，而且效用和用法也略有不同。購買時要將魚隻的症狀具體說明清楚，並且仔細閱讀注意事項後再使用。

用於治療穿孔病之類細菌感染症。GREEN F Gold Liquid／日本動物藥品（股）

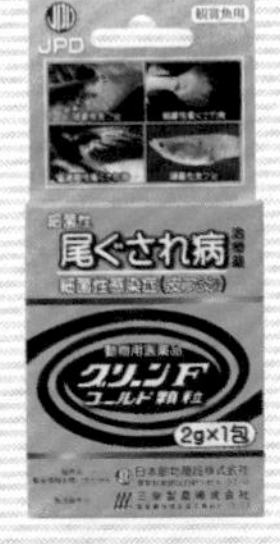

用於治療皮膚炎、爛尾病等細菌感染症。GREEN F Gold ／日本動物藥品（股）

●容易導致魚隻生病的環境	●危險信號
加入新的魚和水草時	身上沾附異物
餵食活餌時	身體表面發炎或出血
水溫急遽變化時	魚鰭或口部潰爛
水質大幅變化時	呼吸困難
魚隻受傷時	眼睛白濁
魚隻體力衰退時	體形明顯改變

疾病的治療方法

為熱帶魚治療疾病的，就是飼主自己。
治療要領是：做好確實的準備、按照正確的順序慎重地施行，以及投注充分的時間。

正確了解治療方法非常重要

疾病的治療主要有三種。各種治療方法和注意事項如下。

1.藥浴

將魚放入溶有藥物的水族箱中的治療方法。藥劑濃度和藥浴時間、追加藥劑的時機等都很重要。還有，也不要忘記了治療後的照顧。

2.塗抹藥物

直接將藥物塗抹在魚隻患部的治療方法。擦藥時動作必須迅速、慎重。

3.物理治療

用鑷子等去除附在魚隻身上的寄生蟲的治療方法。和塗抹藥物一樣，作業的進行必須迅速、慎重。

另外，如果有其他的魚隻接二連三地發病，就要消毒整個水族箱。

治療結束並不代表一切就完成了。因為如果沒有找到致病的原因，同樣的情況可能會再度發生。所以必須知道該改善哪些環境和迅速採取對策。

●治療上必須的器具

打造不會讓魚隻生病的環境是絕對必要的，但為了以防萬一，仍然必須準備最低限度的魚隻治療器具。如果放任魚隻生病不理，疾病會逐漸惡化，所以一定要及早治療。

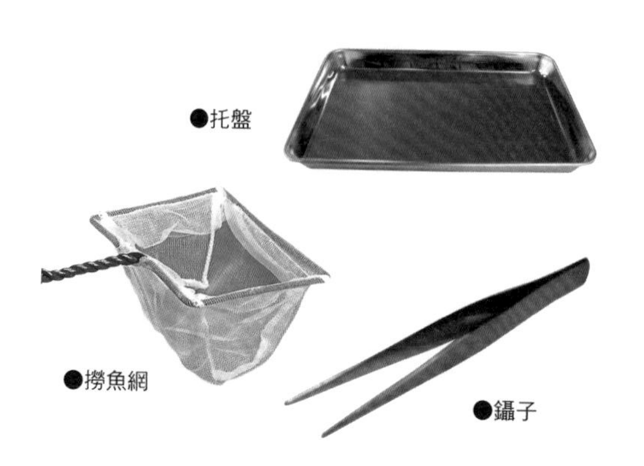

●消毒水族箱的順序

1. 將魚移到藥浴用的水族箱中。
2. 拆下水族箱內的造景素材，包含砂子和濾材，再將所有的器具和裝飾品徹底清洗乾淨。
3. 將洗淨的物品放回水族箱中。注水後，投入治療疾病的藥劑。
4. 啟動過濾器四到五天，再換過兩次水後，才能將魚隻放回水族箱中。
5. 再經過十五到二十天後，重複進行①～④的作業，消毒工作就完美達成了。

藥浴的順序

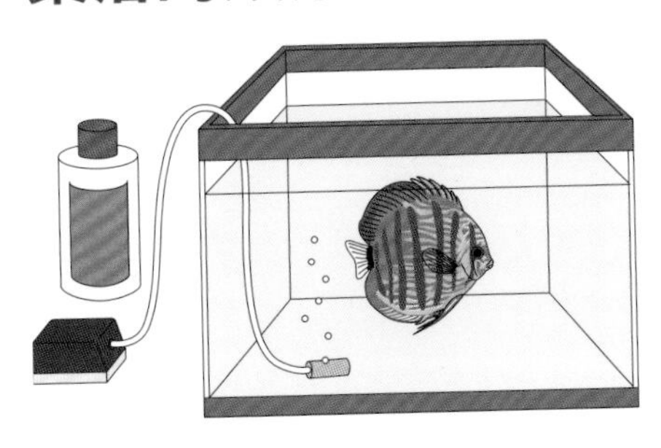

1.設置藥浴用的水族箱

將加熱器放入專用的水族箱中，用空氣幫浦輸送空氣。水質調整劑的用量正常即可。

2.將藥劑加入水族箱中

依照水量加入適量的藥劑，並攪拌均勻。藥劑的濃度很重要，一定要精確計量。

3.將魚移到水族箱中

調整好水溫後，就將魚放入水族箱中。如果需要長時間進行藥浴，中途必須換水。

4.每天檢查魚隻的恢復情況

體力衰退或是對水質敏感的魚，如果因為藥物刺激而發生休克，必須立刻中止治療，將魚放回原本的水族箱，還有，如果魚隻顯現出有食慾的樣子，可以餵食少量的飼料。

5.為原本的水族箱換水

生病魚隻進行藥浴的期間，要為原本的水族箱換水。

6.將魚放回加入水質調理劑的水族箱中

症狀改善了，就將魚放回原本的水族箱中。水質調理劑要比平常多放一點。

塗藥的順序

1.準備好必需的工具，將病魚從水族箱中撈出

在鋪上好幾層紗布的托盤中，加入足以浸泡紗布的水，再將病魚放在紗布上。如果能夠在撈魚網中進行治療，也可以直接使用撈魚網。

2.塗藥

用手輕輕按住魚隻，以免牠亂動，接著將紗布覆蓋在患部上，吸掉上面的水分，再進行塗藥。用紗布或毛巾等遮住魚的眼睛，可能會使魚安靜下來。

3.將魚放回加入水質調理劑的水族箱中

迅速完成治療，將魚放回水族箱中。

魚隻容易罹患的疾病和治療方法

白點病・胡椒病

■症狀
因為病原蟲的寄生，導致身體表面和魚鰭上附著了許多小顆粒，嚴重時整個身體都會被白點覆蓋。

■藥劑
Green F、Hikosan Z

■治療方法
一邊注意換水一邊持續進行藥浴，直到病原蟲脫落為止。

■注意事項・預防方法
容易在春季和秋季時帶入病原蟲。
會在水溫下降時增殖，因此必須注意溫度管理。

水黴病

■症狀
因為其他的疾病導致體力下降時，水生黴菌會寄生在傷口處，身體表面會有白色綿狀物附著。

■藥劑
Green F、Hikosan Z

■治療方法
如果症狀已經擴散到全身，要換水並持續進行藥浴，直到黴菌脫落。
如果症狀是部分性的，就在患部塗抹Green F，塗抹的藥劑濃度為藥浴的二到五倍（小型魚的濃度較稀，大型魚比較濃）。

■注意事項・預防方法
如果會遭到其他魚隻啄咬，可以移到別的水族箱中，或是投入藥品作為預防。

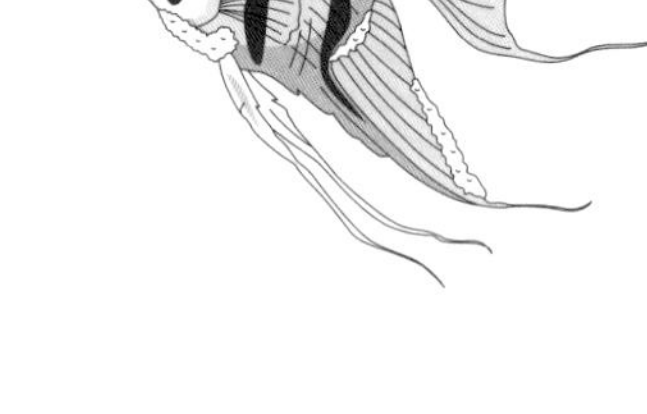

錨蟲病

■症狀
從魚鱗的隙縫間出現淡褐色像線頭般的東西，這是動物浮游生物劍水蚤的一種，只要立刻除掉，就不會太嚴重。但如果是小魚罹患此病，必須特別注意。

■藥劑
Refish

■治療方法
使用尖頭的鑷子將錨蟲連根拔除，再進行Refish藥劑的藥浴。

■注意事項・預防方法
錨蟲一旦寄生，就會開始散播幼蟲。
為了防止錨蟲再度發生，整個水族箱都要使用Refish做藥浴。

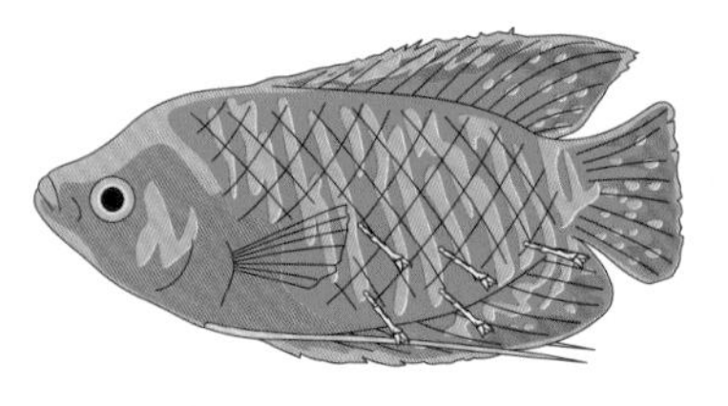

了解疾病的基本治療方法後，接下來就是實踐了。
為你介紹不同疾病實際治療時使用的藥物和治療方法。

紅斑病

■症狀
細菌導致身體表面以及魚鰭出現發炎和出血現象，症狀進行緩慢，一旦惡化就會死亡。

■藥劑
Kan-para D、Green F Gold

■治療方法
使用Kan-para D或Green F Gold進行藥浴。

■注意事項・預防方法
水質惡化的水族箱，經常會發生紅斑病。
重新檢查飼養環境。

立鱗病

■症狀
細菌感染導致魚鱗豎起，整個身體會顯得腫胖。還有，腹部也會鼓脹。治療上相當花時間，病原菌也很難完全根除。

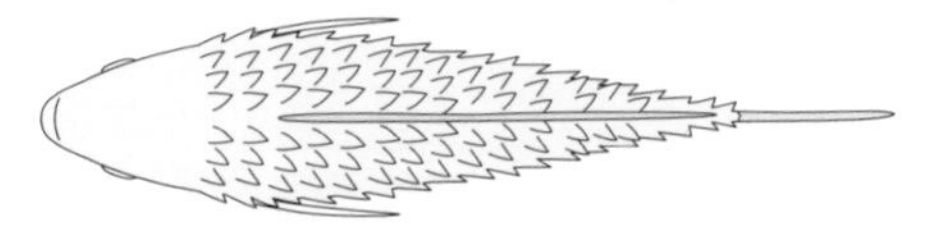

■藥劑
Kan-para D

■治療方法
使用Kan-para D進行藥浴。

■注意事項・預防方法
如果治療後症狀仍未改善，可能就會死亡。

爛嘴病・爛尾病

■症狀
魚鰭末端變得白濁並逐漸破損。疾病通常發生在尾鰭，嚴重時整個尾部都會不見。還有，嘴巴周邊一旦有損傷，便會產生潰爛。以上都會導致魚隻運動能力衰退，無法攝取食物進而身體衰弱。

■藥劑
Kan-para D、New Green F

■治療方法
調製0.5%的食鹽水，加入Kan-para D或New Green F，進行藥浴。

■注意事項・預防方法
魚隻體力衰退時，使用Parazan D比較不會引起休克。
治療後要做調理，讓魚隻在其他的水族箱中休息，直到體力回復。

穿孔病

■症狀

初期階段，魚鱗到處顯得白濁，逐漸變得嚴重後，皮膚就會潰爛，出現如被溶蝕般的孔洞。只要發病後，就很容易一再復發。

■藥劑

Kan-para D、Erubaju ace（エルバージュエース）

■治療方法

使用藥劑進行藥浴。

■注意事項・預防方法

水溫保持在29度左右，可加速治癒。
提高水溫時，需花費超過十二個小時的時間慢慢提高。

突眼症

■症狀

眼球突出，像凸眼金魚一樣。

■藥劑

Erubaju ace （エルバージュエース）

■治療方法

原因和治療方法還不明確，一般認為是感染到某種細菌。

■注意事項・預防方法

魚的動作會變得緩慢，最好移到其他的水族箱中飼養，以避免受到其他魚隻的攻擊。

鰓吸蟲病

■症狀

病原蟲寄生在魚鰓，魚鰓會溶蝕掉或是沾有黃色黏液，導致鰓蓋無法完全閉合。由於氧氣不足，魚隻會在水面痛苦地張大嘴巴，或是搖擺不定地游泳，很容易發現牠生病了。

■藥劑

Refish

■治療方法

使用驅蟲劑進行藥浴。

■注意事項・預防方法

整個水族箱都加入Refish進行藥浴。
早期治療，治癒的可能性很高，但如果發病一段時間，就很難治癒。
不要將野外的水帶進水族箱中。

瘦背病

■症狀
背部和腹部瘦塌，身體變形。

■藥劑
沒有特別的藥劑。

■治療方法
餵食維生素均衡的飼料，以及保持適當的水質。

■注意事項・預防方法
因為成長期欠缺氧氣和營養，或是餵食劣等飼料而發病，請試著重新檢討日常管理。

腹部鼓脹

■症狀
餵飼料前，腹部就已經鼓得圓圓的。

■藥劑
沒有特別的藥劑。

■治療方法
原因和治療方法都不明確。

■注意事項・預防方法
一眼就看出異常時，魚隻通常已經受到很大的傷害了，幾乎無法復原。

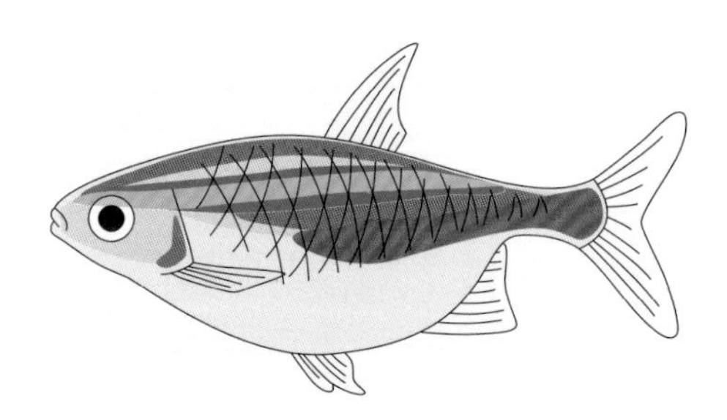

體型異常

■症狀
背骨彎曲或體型明顯和其他的魚隻不同。

■藥劑
沒有特別的藥劑。

■治療方法
沒有特別的治療方法。

■注意事項・預防方法
可能是先天性的，也可能是稚魚階段營養或代謝不良、骨骼或肌肉受損而導致異常。
在魚卵或稚魚階段，溫度、水質和飼料種類等，都要做比成魚更切實的管理。

STAGE 4 水草的培育方法

只要了解基本技巧，新手也不會有問題

一般認為水草的照顧很不容易，其實只要備齊必須的器具、掌握基本知識，即使是新手也能成功培育。想要享有美麗的水草造景，就要清楚了解水草的培育方法。

水草原本是陸上植物

聽到是水草，最初的印象就是在水中生活的植物，其實水草原本是陸上的植物，為了因應某些環境的變化，因而適應了水中的生活。

有些水草不論是在水中或是在陸地上都可以生長。只是，在陸地上生長時和在水中生長，外觀上會有明顯不同。這是因為在陸地上生長的水草如果泡在水中，陸上用的葉子就會全部枯萎，重新長出水中用的葉子。

有些水族店也會販賣在陸地上生長的水草，可以觀察這些水草變化成水中用葉子的情況。

水草不能沒有二氧化碳和光

水草和陸上植物一樣，會攝取二氧化碳，藉由光的能量進行光合作用，將二氧化碳變化成構成身體的物質，進而生長。但是，因為水中的二氧化碳很容易從水面釋放到空氣中，所以水族箱內很容易發生二氧化碳不足的情況。

雖然有些水草在弱光、低二氧化碳的環境中也能生長，不過使用添加CO_2的套組，通常更容易培育。市售CO_2添加商品的種類五花八門，可以斟酌金額和水草量等來做選擇。

另外，有些水草需要肥料。水草的肥料分為溶於水中型的液態肥料，以及埋入砂中型的固態肥料兩種。液態型的肥料，必須每次量測少量的需要量，定期地加入水族箱中；固態肥料則是埋入水草根部附近，就可得到理想的效果。

水草是對環境變化非常敏感的生物

就算整理好了飼養環境，種植的水草卻不到幾天就枯死了，這種情形屢見不鮮。這個時候，請試著重新檢查水族箱的環境。

水草枯萎的主要原因

- 光量不足……無法獲得所需光線。
- CO_2不足……無法獲得所需二氧化碳。
- 肥料過量或不足……施肥過量，或是無法獲得所需的養分。
- 水溫……比適溫更高或更低。
- 疾病……受到病原菌或黴菌的侵害。

檢查的重點有：

1.光量

2.二氧化碳

3.肥料過量或不足

4.水溫

5.疾病

還有，栽培水草用的器具和肥料，同時也會成為青苔增加的主要原因。尤其是水族箱設置的初期，經常有青苔異常發生的情況，這大多是水質穩定前的暫時性情形。如果設置好一個星期左右仍有青苔異常發生的情況，可以用清除青苔用的器具，去除玻璃和底砂上的青苔。長在水草上的青苔則可以用手輕輕地擦拭掉。無法去除的青苔，可以將沼蝦、石蜑螺或會吃青苔的熱帶魚放入水族箱中，讓牠們吃青苔。

剛開始時，你可能會為青苔的大量發生感到驚訝，但是不要急著換水，或是使用會整個改變水質的水質調整劑，只需慢慢地等待改善即可。

青苔是一定會附著在玻璃和底砂等上面的，所以在清潔水族箱的時候，最好定期性地清除。

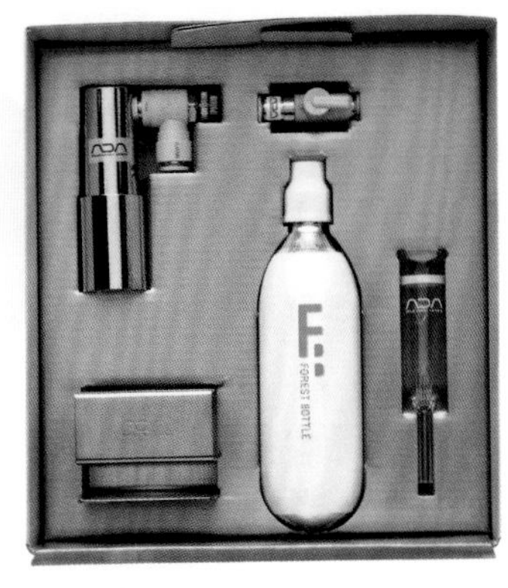

添加二氧化碳的器具。CO_2 Adviced system-forest／（股）Aqua Design Amano

錠劑型的水草生長促進劑。Tetra crypt／Spectrum Brands Japan（股）

水草栽培專用土。Project Soil水草／（股） Aqua System

小型的綠溫蒂椒草。不需要添加CO_2，適合新手。

網草蕾絲狀的葉子十分漂亮。葉子很敏感、脆弱。

STAGE 5

水草的修剪

打造賞心悅目的水中花園

花園要能夠漂亮，必須時常整理，水族箱的水草長長了，也必須要修剪。如果希望水族箱經常保持美麗，花一點時間整理絕對必要。

善加照顧就會長得漂亮

水草生長是環境良好的證明，對飼主來說，可算一件欣喜的事。然而，過度生長卻會影響美觀，也會使得光線無法到達水族箱的底部，導致前景較矮的水草枯萎。因此必須將不需要的葉子修剪掉。

水草分為有莖水草、叢生型和其他三大類，修剪方法各有不同。有莖水草如果在種植的狀態下修剪，分枝的莖會斜向生長，因此，除非想增加水草的份量感，否則必須一株、一株拔出來進行修剪。

比較起來，叢生型就只需修剪整株水草外側的葉子根部部分，不需要花費太多的工夫和時間。另外，會長出浮葉的種類，只要在擴展開來的階段進行修剪，就會顯得清爽。

水族箱生活的樂趣不只有觀賞熱帶魚，還有美麗的水草造景。

叢生型的水草順利生長，就會長出橫向爬行的走莖，並在末端長出子株。如果放著不管，便會在該處扎根，因此當子株的根長到差不多可以種植時，就可以切下走莖，重新種植。

疏於整理水草，它們可能會從底砂浮起。請在發生這種情況前，勤於整理修剪，才能保有賞心悅目的美麗水族箱。

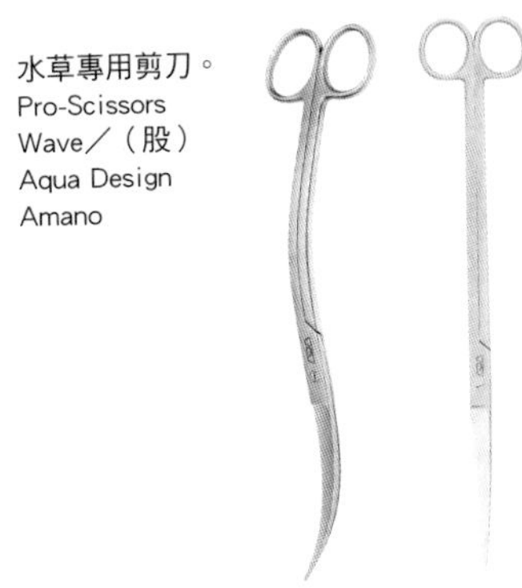
水草專用剪刀。Pro-Scissors Wave／（股）Aqua Design Amano

水草專用剪刀。Pro-Scissors S straight／（股）Aqua Design Amano

托盤

水草專用鑷子／（股）Aqua Design Amano

有莖型水草的修剪順序

1

抓住根部一株、一株地拔起來。

2

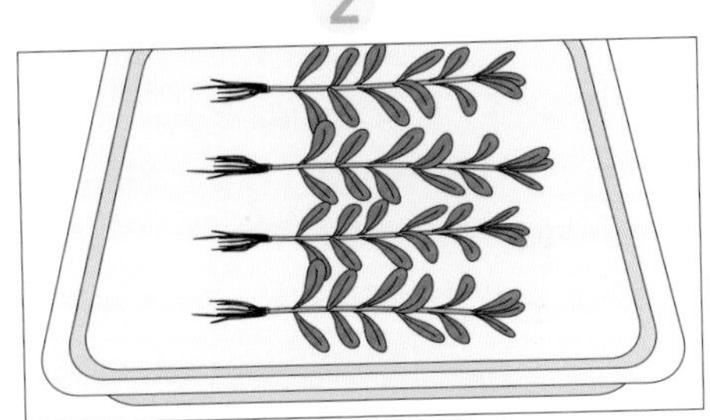
將拔起來的水草並排在托盤上。

3

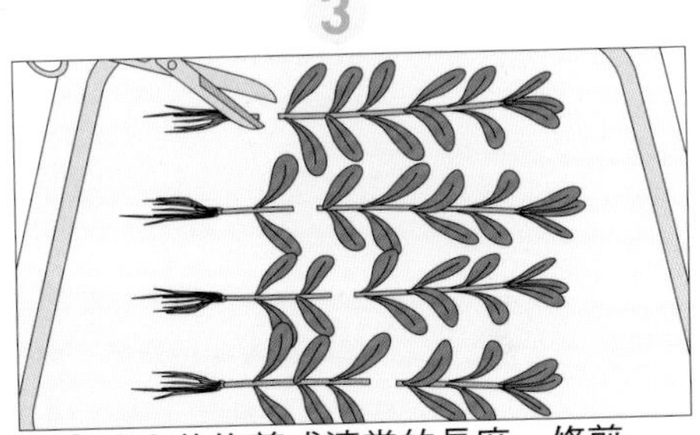
將②的水草修剪成適當的長度。修剪時要剪在莖節的正下方。

4

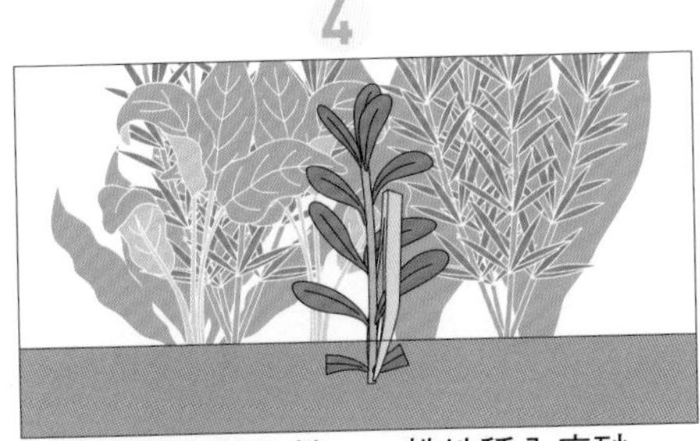
用鑷子將水草一株、一株地種入底砂中。也可以將③剪下的水草上方部分種回去，增加水草的份量。

◆英文字母

CO_2 ‥‥‥‥‥‥‥ 二氧化碳。在水族箱中主要使用於水草的培植上。

CO_2高壓瓶 ‥‥‥‥ 液態二氧化碳高壓瓶。需搭配調節器使用。

CO_2控制器‥‥‥‥‥ 調調整添加CO_2時間的器具，利用定時器來打開或關閉電磁閥。

CO_2專用管‥‥‥‥‥ 水族箱添加CO_2時使用的管子，以CO_2不會漏出的材質製成。

CO_2瓶 ‥‥‥‥‥‥ 指送出二氧化碳氣體的高壓瓶。

CO_2長期監測器 ‥‥ 測定pH值的器具。一旦設置在水族箱中，就可以連續一至三週進行測定。

CO_2細化器‥‥‥‥‥ 可以讓從CO_2氣瓶送出的CO_2充分溶於水族箱的水中，將二氧化碳細化的器具。

pH值 ‥‥‥‥‥‥‥ 參照酸鹼值的項目。

Fish eater ‥‥‥‥‥ 以小魚等作為主食的魚。例如：鍊紋鱷魚火箭。

Mother plant ‥‥‥‥ 母株。

◆一～五畫

一年草‥‥‥‥‥‥‥ 一年中就會完成發芽、開花、結果，最後枯萎，留下種子的植物。

二氧化碳‥‥‥‥‥‥ CO_2。

二氧化碳同化作用‥‥ 參照光合作用的項目。

人為分布‥‥‥‥‥‥ 藉由人為的方式，將原本不存在於某地區的種類廣泛分布於該地區。例如：黑鱸和藍鰓太陽魚。

人工海水‥‥‥‥‥‥ 人為方式製造海水用的原料。製造半淡鹹水時也會使用。

人工飼料‥‥‥‥‥‥ 為了補充魚隻的營養而製造出的飼料。配合魚的種類也有不同的飼料，比起活餌也更容易保存。

七彩神仙魚‥‥‥‥‥ 體型呈圓盤狀的慈鯛同類，因為親魚的體表會分泌黏液餵養稚魚而聞名。為世界各地的魚友所喜愛，有許多的改良品種。

口孵‥‥‥‥‥‥‥‥ 將卵或稚魚含在口中加以保護的繁殖形態。非洲的湖產慈鯛、龍魚、巧克力麗麗等都是有名的口孵魚。

三角尾‥‥‥‥‥‥‥ 孔雀魚尾鰭形狀的一種，因為成三角形而得名。

上部式過濾器‥‥‥‥ 設置在水族箱上方的過濾裝置。

子株‥‥‥‥‥‥‥‥ 由母株分出來的植株。

土砂‥‥‥‥‥‥‥‥ 土狀底砂，用於種植水草。

水溫計‥‥‥‥‥‥‥ 測量水溫的器具，是水族箱不可缺少的。目前有數位式和液晶式，新手也很容易使用。

水質‥‥‥‥‥‥‥‥ 水的性質。依所含的成分不同，pH值、硬度等指標也各不相同。

水上葉‥‥‥‥‥‥‥ 高出水面生長的葉子。

水生植物‥‥‥‥‥‥ 在水邊生長的植物總稱。

水族箱‥‥‥‥‥‥‥ 裝水後用來飼養生物的容器。有各種不同的大小、材質、形狀。

水中根‥‥‥‥‥‥‥ 從莖部長出來、露出水中的根。

水中葉‥‥‥‥‥‥‥ 水生植物在水中生長的葉子。

水螅‥‥‥‥‥‥‥‥ 在水族箱內產生的腔腸動物。

水族館‥‥‥‥‥‥‥ 飼育、栽培水生生物的水族箱、水族館、繁殖地等的總稱。

水族管理者‥‥‥‥‥ 管理水族箱的人。

水黴病‥‥‥‥‥‥‥ 白色黴狀物在身體上繁殖的疾病。可以用藥物治療。(=白毛病)

水草農場‥‥‥‥‥‥ 栽培水草的農場。

互生‥‥‥‥‥‥‥‥ 葉子一片、一片地交互生長在莖的各節上。

止回閥‥‥‥‥‥‥‥ 參照逆止閥的項目。

中景…………水族箱中段的造景。相對於前景、後景的稱法。

孔雀魚…………卵胎生鱂魚的代表，有許多的改良品種，在世界各地都深深地受喜愛。

白化種…………全身色素完全消失不見的突變種。因為眼睛也沒有了色素，血管因此透而可見，所以眼睛呈現紅色。

白點病…………魚體出現白色斑點的疾病。魚隻在水溫變低時容易罹患，可以使用藥物治療。

白變種…………身體的色素消失，變成白色或黃色的突變種。但和白化種不同，眼睛仍然維持正常的顏色。

半淡鹹水…………指河口區域海水和淡水混合而成的水。

半淡鹹水域…………指海水和淡水混合的水域，例如：河口。

半淡鹹水魚…………棲息在半淡鹹水域中的魚。

外部式過濾器…………內藏幫浦的過濾裝置。以水管連接到水槽外來做設置。

古代魚…………自遠古時期就不曾改變外形，存活至今的魚類總稱。例如：龍魚、恐龍魚、魟魚等。

生殖足…………生殖時，為了將精子送入雌魚的體內而產生變化的雄魚尾鰭。可見於卵胎生的鱂魚，是分辨雌魚和雄魚的重點。（=交接器）

生態缸…………在同一個水族箱內打造水域和陸域，可以同時欣賞到水陸造景的布置風格。陸域大多種植苔蘚或水耕植物等。

生餌…………指生鮮或是還活著的餌食。

本種…………本書中經常出現的用語。是這隻魚的意思。

◆六～十畫

光量…………照射水族箱的光線量。

光合作用…………植物利用CO_2和光，合成O_2（氧氣）以及養分。（=二氧化碳同化作用）

休眠期…………指生物成長、活動暫時性停止的時期。

交接器…………參照生殖足的項目。

全緣…………葉子的邊緣平滑，沒有凹凸。

自養細菌…………指可以將異養細菌分解變小的有機物（氨、銨）進一步分解成亞硝酸的亞硝酸菌，以及將亞硝酸鹽分解成硝酸鹽的硝化菌。

好養性細菌…………細菌的一種，必須有氧氣才能存活。例如：亞硝酸菌、硝化菌。

有莖草…………有莖的水草。根著於底床，莖向著水面伸展。

羽狀脈…………擁有一條較粗的主脈和其兩側分支出羽毛狀側脈的葉脈。

仰頭魚…………經常將頭朝向上方的魚，例如：尖嘴鉛筆魚。

帆鰭…………Sail fin，指背鰭。

次級淡水魚…………原本是海水魚，但逐漸適應淡水後，成為淡水魚的種類。

地下莖…………像根一樣生長在地面下的莖。

改良品種…………人工創造出來的品種。（⇔野生種）

芋類…………會長出根和葉的芋狀植物。有休眠期。

走莖…………水草為了長出新株而橫向伸展的莖條。

吻部…………包含口部在內的整個嘴部。

卵斑…………非洲口孵魚慈鯛雄魚尾鰭上的斑紋，呈卵形。當產卵的雌魚將之誤認為卵而想要銜入口中時便趁機射精，使雌魚口內的卵受精。

卵生鱂魚··········鱂魚的一種。以產卵的方式來繁衍。如：日本的鱂魚、藍眼燈。

卵胎生鱂魚········鱂魚的一種。特徵是會先在腹中育卵，直到成為稚魚才生產。例如：孔雀魚。

尾鰭··············長在魚隻尾部的鰭。不同種類的魚，尾鰭形狀也各異，例如：有些魚就擁有深具特色的劍尾。

低溫草············在低溫環境下生長的水草。

低肥料············植物生長所需的肥料不足。

投入式過濾器······使用空氣幫浦就能運作的簡單過濾裝置。

亞種··············原本只有一個種類的生物，但為了適應環境，而演變成擁有不同遺傳基因的族群。

亞馬遜············指南美洲的亞馬遜河流域一帶。有為數頗多的熱帶魚棲息於此。

亞硝酸菌··········可以將氨、銨分解成亞硝酸的細菌。是好氧性細菌的一種。

兩性異形··········指雌雄兩性在體型和顏色上完全不同的魚。

底棲食性··········將食物連同砂子一起含在口中，在口中再將食物和砂子分開後食用的食性。

肺魚··············可以用類似肺的器官呼吸的古代魚。有些種類在乾季甚至可以結繭度過。

底床··············將砂礫等鋪設在水族箱底做成的地面。

肥料··············植物必須的養分。

固態肥料··········固體狀的肥料。

空氣幫浦··········將空氣送進水族箱的器具。

底部式過濾器······需組合空氣幫浦或是水中馬達使用，可安裝在水族箱底部的過濾裝置。

沼澤缸············重現自然溼地的水族箱。和水族箱或生態缸不同，傾向於用整個房間來表現。

波狀葉············植物的波浪狀葉子。

泡巢··············絲足鱸（麗麗魚）和鬥魚之類的雄魚為了育兒而用泡泡做的巢。

附生··············植物扎根在沉木或岩石上面。

枯死··············植物乾枯死亡。

紅蟲··············因為身體呈現紅色，所以稱為紅蟲，是搖蚊的幼蟲。許多種類的魚都喜歡吃，在讓魚隻開始吃食或是回復體力的時候餵食。有活紅蟲，冷凍紅蟲、乾燥紅蟲等。

活餌··············在活著的狀態下被拿來作為食物的生物。小型魚常用紅蟲和絲蚯蚓當活餌，大型魚則是金魚等。

玻璃蓋············作為水族箱的蓋子使用，可以保溫和防止魚隻跳出。

前景··············水族箱前方的造景。相對於中景、後景的稱法。

後景··············水族箱布置的區域之一。相對於前景、中景的稱法，指水族箱最後方的景色。

珍奇加拉辛········熱帶魚老手慣用的說法，指進口量很少的脂鯉。

食鱗魚············會將其他魚的鱗片剝下來吃掉的魚。如：包頭水虎魚、食人魚。

食人魚············有名的肉食性魚類，是脂鯉科的同類。

珊瑚砂············由珊瑚礁製成的砂，特色是可以提升水質硬度和pH值。

背鰭··············魚背上的鰭。

背幕··············貼在水族箱的內側或外側的塑膠製貼紙，是一種水族裝飾用品。

脂鰭··············指位於魚的背鰭和尾鰭之間的小魚鰭。有些種類的魚並沒有，是脂鯉科魚類的特徵。

脂鯉··············熱帶魚中代表性的一個族群的總稱。包含日光燈魚和食人魚等。

迷宮器官………… 參照迷鰓器官的項目。

迷鰓器官………… 攀鱸和鬥魚等擁有的輔助呼吸器官，不只可以用鰓呼吸，也可以行空氣呼吸。因為複雜的構造而有迷宮之名。（=迷宮器官）

迷鰓魚………… 是擁有迷鰓器官魚類的總稱。例如：攀鱸魚、蛇頭魚等。

氨………… 毒性強，對於魚和水草都有危害的物質。是殘餌、魚糞、枯葉等有機物被異養細菌分解之後的產物。只要過濾層有效運作，就可以藉由硝化菌的亞硝化單胞菌，將其轉化成亞硝酸。

氨離子………… 殘餌、魚糞、枯葉等有機物被異養細菌分解後的產物。對魚和水草沒有直接的影響，卻會因為pH值等的變化而轉變成氨。

氣泡石………… Air stone，將空氣幫浦打入的空氣細化的器具，以使氧氣更有效率地溶入水中。也稱為氧氣擴散器。

海水魚………… 棲息在熱帶地方的海水中，被當作飼養對象的魚類總稱。

海綿過濾器………… 搭配水中馬達或空氣幫浦使用的過濾裝置，可以減少吸入稚魚的情形發生。

逆止閥………… 當停止空氣幫浦或CO_2氣瓶運作時，防止水族箱的水逆流進送氣管的閥門。

原種………… 品種改良前的個體。自然狀態下的個體。

高光量………… 指較多的光量。

高肥料………… 植物施加多量必須肥料的狀態。

根莖………… 橫走地中，看似根一樣的莖。

根出葉植物………… 像蒲公英一樣，葉子從根部長出來的植物。成叢生狀。

起始植物………… 最先種植在新底砂上、較強健的水草。如：水蓑衣屬的同類。

挺水植物………… 根在水底，莖和葉子的一部分在水上的植物。

修剪………… 剪掉葉和莖來調整水草的生長。

脈幅………… 葉脈的寬度。

追肥………… 追加肥料。

配對………… 指感情融洽的雄魚和雌魚。

胸鰭………… 長在魚胸部的一對魚鰭，有些魚的胸鰭會變化成鞭狀。

鬥魚………… 也稱為Betta或rumble fish的魚。因為放入同一個容器中就會激烈打鬥，而有此名。是同時擁有美麗和鬥爭性的魚，極受歡迎。

扇尾………… 像大扇子一樣的尾鰭。

倒立魚………… 頭部經常朝向下方的魚。例如：枯葉魚。

◆十一～十五畫

現地採集………… 指在魚的棲息地進行的捕獲。

莖基部………… 莖最下方的部位。

莖基葉………… 莖基部長出的葉子。

基質產卵………… 指將有黏性的卵產在岩石或沉木等上面。例如：七彩神仙魚和神仙魚。

莖下部………… 有莖水草的莖下方的部分。

莖節………… 莖上面的節。

莖頂部………… 莖的頂端部分。

莖頂葉………… 從莖的頂端部分長出來的葉子。

球根………… 指球莖。

球莖………… 地下莖的一種，因儲藏養分而肥大成球形的莖。

頂芽………… 莖的頂端冒出的芽。

頂葉………… 莖的頂端長出的葉子。

剪定………… 參照修剪的項目。

液肥………… 液狀肥料。

乾眠………… 有些鱂魚的卵必須離水數周後才能孵化，這段期間就稱之為乾眠。（=夏眠）

側線…………… 保持平衡感，或是感覺水中動靜和聲音的感覺器官，在魚的身體側面並排成線狀。

混養…………… 在一個水族箱中混合飼養各種不同的魚。

產卵盒………… 卵胎生鱂魚繁殖時經常使用的小型箱子，放置水族箱內使用。可避免剛出生的稚魚被母魚吃掉，亦可讓虛弱的魚兒使用。

產卵筒………… 作為產卵床使用的圓筒，用於神仙魚和七彩神仙魚。大多為陶器製品。

異養細菌……… 可以將殘餌、魚糞、枯葉等有機物分解得更細，以便讓自養細菌（亞硝酸菌、硝化菌）可以吸收的細菌。

荷蘭式水族造景… 受荷蘭園藝影響的一種布景法。

部分換水……… 更換水族箱部分的水。

軟水…………… 硬度在9以下的水。

淡水…………… 湖沼或河川等不含鹽分的水。

淡水魚………… 棲息於淡水的魚類總稱。

異型魚………… 棲息在南美、獨自進化的鯰魚同類的總稱。

野生種………… 未經人為干涉，自然狀態下生長的種類。（⇔改良品種）

琴尾…………… 尾鰭的上下端呈伸長的形狀。

絲蚯蚓………… 經常用來作為活餌，紅色細長的線狀蚯蚓，也稱為線蚯蚓。

換水…………… 更換水族箱的水。

硬水…………… 硬度超過10的水，是非洲慈鯛喜愛的水質，但不適合用來飼養一般的熱帶魚。特性是不容易使肥皂產生泡沫。

硬度…………… 溶於水中的鈣離子、鎂離子等的濃度。

棕櫚…………… 名為棕櫚的椰子樹的皮，有網狀細纖維質，可作為鱂魚和小型鯉科魚隻等的產卵床使用。

無莖草………… 只有葉子，沒有莖的水草。

斑葉…………… 產生斑點狀花紋的葉片。

硝化菌………… 可以將亞硝酸鹽分解成硝酸鹽的細菌。好氧性細菌的一種。

發光細菌……… 寄生在魚的體側，會反射光線的一種細菌。例如：黃金日光燈。

發情期………… 雄魚引誘雌魚以進行繁殖行為的期間。

黑鰭型………… 指擁有黑色魚鰭的魚類。例如：黃金黑鰭月光魚。

塊莖…………… 塊狀的莖。為了存積、儲藏物質（澱粉），致使地下莖的一部分肥大所形成。

黑水…………… 富含單寧的水質，可以使用添加劑以人工重現這種水質。

葉耳…………… 葉子的一部分隆起如耳垂狀。

葉背…………… 葉子的內側。

節……………… 莖上長出葉子的部分。

節間…………… 水草的莖上形成的節與節之間的部分。

稚魚…………… 剛剛孵化的幼魚。

慈鯛…………… 以神仙魚、七彩神仙魚、短鯛等為代表的熱帶魚族群。

鼠魚…………… 棲息在南美的鯰魚同類。

雷魚…………… 很受釣客歡迎的魚，是蛇頭魚的同類，已經歸化日本。

腹鰭…………… 長在魚腹部的一對魚鰭，有些種類的魚會變化成吸盤狀。

腹水病………… 魚腹積水的疾病。

溶氧量………… 溶於水中的氧氣量。量不足時，魚隻就會死亡，可以使用空氣幫浦來補充。

孵化…………… 卵變成稚魚出來的過程。

漂浮植物……… 浮在水面上的水生植物。

睡眠運動……… 植物對光的明暗有反應，打開或閉合葉子的習性之一。狐尾藻屬的同類，即使開著燈，到了睡眠時間還是會將葉子閉合。

摘除…………讓水草長得更好而做的修剪。

酸鹼值………氫離子的濃度。水中氫離子量的單位，用pH來表示。以pH7.0作為中性，數值高於7時為鹼性，低於7時為酸性。

酸鹼值監控器…自動控器水中pH值的裝置。

對生…………莖的各節各長出相對的葉子。

輪生…………莖上各節長出三片以上的葉子。

調節器………安裝在二氧化碳或氧氣瓶上，調整氣體的排出量，或是用在減壓上的器具。

複葉…………擁有兩片以上小葉的葉子。

熱帶魚………棲息在熱帶地區、亞熱帶地區的魚類總稱。分為生活在大海的熱帶性海水魚，以及生活在河川、池塘、湖泊等的熱帶性淡水魚。在日本，主要作為棲息在淡水和半淡鹹水域的魚類總稱使用。

◆十六～十六畫以上

磨破傷………魚隻因為水草或是其他魚的攻擊而造成的傷，也稱為擦傷。

鋸齒葉………邊緣如鋸齒狀的葉子。

親株…………會分出子株，是繁殖根源的植株。（=母株、mother plant）

學名…………對生物種類的命名，是獨一無二的名稱，世界共通。

燈魚…………很受歡迎的觀賞魚，小型脂鯉科同類的總稱。

擦傷…………魚因為碰觸到網子、水中布置等，或是受到其他魚隻攻擊而造成的傷。

臀鰭…………位在腹鰭和尾鰭間的魚鰭，有些魚的臀鰭會和尾鰭連結在一起。

雜交…………不同種類的雄性和雌性交配（或是進行人工交配）。例如：茉莉和劍尾魚。

叢生狀………葉子從短莖上擴散開來，看起來就像葉子是從根部長出來的生長方式。

擴散器………為水族箱中的水添加CO_2的器具。

擴散筒………擴散器的一種。讓CO_2溶入水中的筒狀器具。

藏身處………組合岩石和沉木等，搭建成讓魚躲藏的地方。

歸化…………指生物從原本的棲息地經由人為性的轉移，在轉移地漸漸定居、繁殖。美國螯蝦即為代表例。

豐年蝦………棲息在半淡鹹水中的一種甲殼類。豐年蝦的幼蟲常常被用來餵食剛出生的稚魚。

鯰魚…………淡水魚中形成最大集團的魚類總稱，特徵是有像貓一樣的鬍鬚。

曝氣…………用空氣幫浦將空氣送入水族箱。

藻類…………像苔蘚一樣生長於水中的低等植物總稱。熱帶魚世界的青苔，會附著在沉木或石頭、水族箱玻璃上。

爛尾病………尾鰭等腐爛的疾病，必須使用藥物治療。

鱗片…………覆蓋在魚類、爬蟲類身體表面的薄片。有些魚沒有鱗片。

體側…………身體的側面部分，有側線和各種紋樣。

熱帶魚索引

◆一～五畫

◆六～十畫

水草索引

監修　水谷尚義
一九七〇年出生於京都，滋賀縣長大，因為從小就與琵琶湖、野洲川等大自然接觸，開始對魚類產生興趣。長年從事與寵物相關的工作，對於觀賞魚的知識尤其豐富。

攝影　森岡　篤
生於一九六七年。三重縣立水產高中畢業。在東京鐵塔水族館工作後，追隨專攻廣告攝影的AUTOGYRO工作室的小池功先生（歿），學習攝影。一九九四年，進入PISCES股份有限公司，開始發表熱帶魚的攝影作品。曾走訪亞馬遜和東南亞各國，一九九八年成為自由攝影師。有許多和熱帶魚相關的出版品。目前正追求數位攝影下的水族箱攝影世界。

國家圖書館出版品預行編目（CIP）資料

第一次養熱帶魚與水草/水谷尚義監修；彭春美譯.
-- 初版. -- 新北市：漢欣文化事業有限公司, 2022.08
192面 ;23X17公分. -- (動物星球；22)
譯自：はじめての熱帶魚と水草アクアリウムBOOK
ISBN 978-957-686-837-5(平裝)

1.CST: 養魚 2.CST: 水生植物

438.667　　111010776

裝　訂／佐藤學（stellablue）
本文設計／FLIPPER'S
插　畫／秋元ちょ子・芦原由美子・藤野定治
照　片／山崎浩二
攝影協助／荻野菊宏・加治佐郁代子・河田修二・野內幸雄
採訪・撰文／濱田惠理
校　正／安倍健一
編　輯／池上利宗（主婦之友社）

定價480元

動物星球 22

第一次養熱帶魚與水草

監　修／水谷尚義
攝　影／森岡　篤
譯　者／彭春美
出 版 者／漢欣文化事業有限公司
地　址／新北市板橋區板新路206號3樓
電　話／02-8953-9611
傳　真／02-8952-4084
郵撥帳號／05837599 漢欣文化事業有限公司
電子郵件／hsbookse@gmail.com
二版一刷／2022年8月